高等职业教育系列教材

光伏电站的运行维护

主　编　周宏强　王素梅　高吉荣
副主编　闫树兵　王建珍　常　文
参　编　桑宁如　王广洲　汪义旺　屈道宽　韩志渊
　　　　常增光　王　冰　翟文亚　殷召鹏　吴琼华
主　审　许　可　马　松

机械工业出版社

本书比较全面地介绍了光伏电站的运行与维护的相关知识和技能，重点阐述了光伏电站的分类、组成、工作原理，常用设备的组成结构、工作原理、常见故障、检测分析与运维，并通过光伏电站运维的真实项目实例，详细讲解了光伏电站的智能化运维。

本书可作为高等职业院校新能源类相关专业的教材，也可供从事光伏电站工程应用方面的工程技术人员参考。

本书配有电子课件，需要的教师可登录 www.cmpedu.com 免费注册，审核通过后下载，或联系编辑索取（微信：15910938545，电话：010-88379739）。

图书在版编目(CIP)数据

光伏电站的运行维护/周宏强，王素梅，高吉荣主编．—北京：机械工业出版社，2020.8(2025.6 重印)

高等职业教育系列教材

ISBN 978-7-111-66568-7

Ⅰ．①光… Ⅱ．①周… ②王… ③高… Ⅲ．①光伏电站-运行-高等学校-教材 ②光伏电站-维修-高等学校-教材 Ⅳ．①TM615

中国版本图书馆 CIP 数据核字(2020)第 176961 号

机械工业出版社(北京市百万庄大街 22 号 邮政编码 100037)

策划编辑：和庆娣 责任编辑：和庆娣 李培培

责任校对：张艳霞 责任印制：单爱军

保定市中画美凯印刷有限公司印刷

2025 年 6 月第 1 版・第 10 次印刷

184mm×260mm・11 印张・271 千字

标准书号：ISBN 978-7-111-66568-7

定价：45.00 元

电话服务

客服电话：010-88361066

010-88379833

010-68326294

网络服务

机 工 官 网：www.cmpbook.com

机 工 官 博：weibo.com/cmp1952

金 书 网：www.golden-book.com

机工教育服务网：www.cmpedu.com

出版说明

党的二十大报告首次提出“加强教材建设和管理”，表明了教材建设国家事权的重要属性，凸显了教材工作在党和国家事业发展全局中的重要地位，体现了以习近平同志为核心的党中央对教材工作的高度重视和对“尺寸课本、国之大者”的殷切期望。教材作为教育目标、理念、内容、方法、规律的集中体现，是教育教学的基本载体和关键支撑，是教育核心竞争力的重要体现。建设高质量教材体系，对于建设高质量教育体系而言，既是应有之义，也是重要基础和保障。为落实立德树人根本任务，发挥铸魂育人实效，机械工业出版社组织国内多所职业院校(其中大部分院校入选“双高”计划)的院校领导和骨干教师展开专业和课程建设研讨，以适应新时代职业教育发展要求和教学需求为目标，规划并出版了“高等职业教育系列教材”丛书。

该系列教材以岗位需求为导向，涵盖计算机、电子信息、自动化和机电类等专业，由院校和企业合作开发，由具有丰富教学经验和实践经验的“双师型”教师编写，并邀请专家审定大纲和审读书稿，致力于打造充分适应新时代职业教育教学模式、满足职业院校教学改革和专业建设需求、体现工学结合特点的精品化教材。

归纳起来，本系列教材具有以下特点：

1)充分体现规划性和系统性。系列教材由机械工业出版社发起，定期组织相关领域专家、院校领导、骨干教师和企业代表开展编委会年会和专业研讨会，在研究专业和课程建设的基础上，规划教材选题，审定教材大纲，组织人员编写，并经专家审核后出版。整个教材开发过程以质量为先，严谨高效，为建立高质量、高水平的专业教材体系奠定了基础。

2)工学结合，围绕学生职业技能设计教材内容和编写形式。基础课程教材在保持扎实理论基础的同时，增加实训、习题、知识拓展以及立体化配套资源；专业课程教材突出理论和实践相统一，注重以企业真实生产项目、典型工作任务、案例等为载体组织教学单元，采用项目导向、任务驱动等编写模式，强调实践性。

3)教材内容科学先进，教材编排展现力强。系列教材紧随技术和经济的发展而更新，及时将新知识、新技术、新工艺和新案例等引入教材；同时注重吸收最新的教学理念，并积极支持新专业的教材建设。教材编排注重图、文、表并茂，生动活泼，形式新颖；名称、名词、术语等均符合国家有关技术质量标准和规范。

4)注重立体化资源建设。系列教材针对部分课程特点，力求通过随书二维码等形式，将教学视频、仿真动画、案例拓展、习题试卷及解答等教学资源融入到教材中，使学生学习课上课下相结合，为高素质技能型人才的培养提供更多的教学手段。

由于我国高等职业教育改革和发展的速度很快，加之我们的水平和经验有限，因此在教材的编写和出版过程中难免出现疏漏。恳请使用本系列教材的师生及时向我们反馈相关信息，以利于我们今后不断提高教材的出版质量，为广大师生提供更多、更适用的教材。

机械工业出版社

前　言

能源低碳发展关乎人类未来。习近平总书记指出，要把促进新能源和清洁能源发展放在更加突出的位置，积极有序发展光能源、硅能源、氢能源、可再生能源。我国在光伏发电等绿色能源领域正加快推进能源革命，并制定了光伏发电中远期发展规划。随着光伏电站建设规模和数量的不断增加，光伏电站的建设运行和维护保养等问题慢慢呈现出来，急需培养大批高素质技术技能型光伏电站的运维人才。

本书积极贯彻二十大报告精神和国家“双碳”发展目标要求，将习近平生态文明思想贯穿于新能源光伏发电领域人才培养体系，以培养创新型、应用型高端专业技术人才为目标，以光伏电站的运行管理、维护保养为主要内容，结合岗位操作规程、真实的项目实例、运维过程、行业（职业）岗位标准等，与生产对接确定知识目标和能力目标。按照行业领域工作过程的逻辑确定学习模块，体现“项目驱动、任务引领、成果导向”的职业教育教学特色，既符合教育教学的规律，又可满足企业岗位培训需求。

本书由山东理工职业学院教师和晶科电力科技股份有限公司、浙江瑞亚能源科技有限公司工程技术人员共同编写。由周宏强、王素梅、高吉荣担任主编，闫树兵、王建珍、常文担任副主编。具体编写分工：第1章由周宏强、汪义旺、常增光编写，第2章由高吉荣、桑宁如、屈道宽编写，第3章由王素梅、王广洲、常文编写，第4章由王建珍、殷召鹏、韩志渊编写，第5章由闫树兵、王冰、翟文亚、吴琼华编写。全书由周宏强统稿，山东理工职业学院党委书记许可、晶科电力科技股份有限公司运维公司总经理马松主审。本书在编写过程中得到了山东理工职业学院、江苏联合职业技术学院、浙江瑞亚能源科技有限公司、晶科电力科技股份有限公司的领导、教师、技术人员的大力支持。

在编写过程中，编者参考了诸多论著、教材和文献，在此向这些作者表示感谢。

限于编者水平，书中难免存在不妥之处，恳请读者指正。

编者

目　录

出版说明

前言

第1章　光伏电站运行与维护基础 …… 1

1.1　光伏电站概述 …… 1

1.1.1　光伏电站的分类 …… 1

1.1.2　光伏电站的系统构成和特点 …… 2

1.2　集中式并网光伏电站 …… 4

1.2.1　集中式并网光伏电站的定义和分类 …… 4

1.2.2　大型荒漠地面并网光伏电站的系统构成和特点 …… 4

1.2.3　大型山丘地面并网光伏电站的系统构成和特点 …… 5

1.3　分布式并网光伏电站 …… 6

1.3.1　分布式并网光伏电站的定义和分类 …… 6

1.3.2　分布式并网光伏电站的系统构成和特点 …… 7

1.3.3　大型地面并网光伏电站与分布式并网光伏电站的比较 …… 9

1.4　光伏电站运行与维护常用工器具的使用 …… 10

1.4.1　光伏电站运行与维护常用仪器仪表的使用 …… 10

1.4.2　光伏电站运行与维护常用工具的使用 …… 23

1.4.3　光伏电站运行与维护常用安全工器具的使用 …… 27

1.5　电力安全基础 …… 30

1.5.1　有关触电的基本知识 …… 30

1.5.2　触电急救的方法 …… 32

思考与练习 …… 34

第2章　光伏电站的主要设备 …… 36

2.1　光伏组件 …… 36

2.1.1　光伏组件的分类、特点及组成结构 …… 36

2.1.2 光伏组件的技术参数 …… 38
2.1.3 光伏组件的应用 …… 41
2.1.4 光伏组件的配置选型 …… 42
2.2 直、交流光伏汇流箱 …… 45
2.2.1 光伏直流汇流箱 …… 45
2.2.2 光伏交流汇流箱 …… 47
2.3 直、交流配电柜 …… 49
2.3.1 直流配电柜 …… 49
2.3.2 交流配电柜 …… 50
2.4 逆变器 …… 52
2.4.1 逆变器的组成和分类 …… 52
2.4.2 逆变器的主要技术参数 …… 54
2.4.3 逆变器的典型应用 …… 56
2.5 变压器 …… 58
2.5.1 变压器的分类和主要参数 …… 58
2.5.2 光伏箱变的定义、分类和特点 …… 59
2.5.3 主升压变压器 …… 61
2.6 开关柜 …… 62
2.6.1 开关柜定义、分类 …… 62
2.6.2 开关柜的组成结构 …… 62
2.7 静止无功发生器 …… 63
2.7.1 静止无功发生器的定义与组成结构 …… 63
2.7.2 静止无功发生器的功能 …… 65
思考与练习 …… 66

第3章 光伏电站的运维管理 …… 67

3.1 光伏电站的运行管理 …… 68
3.1.1 光伏电站生产管理 …… 68
3.1.2 光伏电站安全管理 …… 73
3.2 光伏电站的巡检维护 …… 75
3.2.1 光伏电站的日巡检 …… 75

3.2.2 光伏电站的周巡检 …… 78
3.2.3 光伏电站的月巡检 …… 80
3.2.4 光伏电站的维护 …… 81
3.3 光伏电站的定检维护 …… 82
3.3.1 光伏组件的定检 …… 82
3.3.2 光伏阵列与支架的定检 …… 84
3.3.3 光伏汇流箱的定检 …… 85
3.3.4 光伏逆变器的定检 …… 87
3.3.5 配电柜的定检 …… 89
3.3.6 变压器的定检 …… 92
3.3.7 高压开关柜的定检 …… 96
3.3.8 SVG 的定检 …… 97
3.3.9 架空线路、电缆的定检 …… 99
思考与练习 …… 102
第4章 光伏电站的智能运维 …… 103
4.1 智能光伏电站营维分析系统 …… 105
4.1.1 实时监控电站问题 …… 105
4.1.2 定位电站损耗 …… 106
4.1.3 电站的发电量报表 …… 109
4.1.4 查看集团大屏 …… 111
4.2 智能光伏电站生产管理系统 …… 112
4.2.1 查看电站中设备问题 …… 112
4.2.2 两票管理 …… 114
4.2.3 交接班管理 …… 115
4.2.4 查看电站的发电量报表 …… 116
4.2.5 通过发电效率 PR 对电站进行分析 …… 121
4.3 智能光伏电站监控系统 …… 123
4.3.1 查看设备的实时运行状态和数据 …… 123
4.3.2 系统监控 …… 124
4.4 运维 App …… 127

4.5 经营 App …… 129
思考与练习 …… 131

第 5 章 光伏电站常见故障处理 …… 132

5.1 光伏组件常见故障处理 …… 132
5.1.1 光伏组件常见故障 …… 132
5.1.2 光伏组件常见故障处理案例 …… 138
5.2 光伏汇流箱常见故障处理 …… 139
5.2.1 光伏汇流箱常见故障 …… 139
5.2.2 光伏汇流箱常见故障处理案例 …… 142
5.3 光伏电站逆变器常见故障处理 …… 145
5.3.1 光伏电站逆变器常见故障 …… 145
5.3.2 光伏电站逆变器常见故障处理案例 …… 146
5.4 光伏电站箱变常见故障处理 …… 150
5.4.1 箱变常见故障 …… 150
5.4.2 箱变常见故障处理案例 …… 153
5.5 开关柜的常见故障处理 …… 155
5.5.1 开关柜的常见故障 …… 155
5.5.2 开关柜的常见故障处理案例 …… 156
5.6 防雷与接地常见故障处理 …… 157
5.6.1 防雷与接地常见故障 …… 157
5.6.2 防雷与接地常见故障处理案例 …… 158
5.7 电缆常见故障检测与处理 …… 160
5.7.1 电缆常见故障 …… 160
5.7.2 电缆常见故障处理案例 …… 161
思考与练习 …… 166

参考文献 …… 167

第1章　光伏电站运行与维护基础

本章在简要介绍光伏电站分类和特点的基础上，重点阐述了集中式并网光伏电站和分布式并网光伏电站的定义、分类、组成及特点，为后续光伏电站的运行与维护奠定了基础。同时为了保障光伏电站的运行与维护效果，重点介绍了光伏电站运维常用工器具的使用方法及光伏电站的电力安全生产知识。

教学导航

知识重点	1. 光伏电站分类及系统构成 2. 集中式并网光伏电站的分类及系统构成 3. 分布式并网光伏电站的分类及系统构成 4. 正确使用光伏电站运维工器具 5. 电击危害和安全用电基础知识 6. 触电急救常识
知识难点	1. 光伏电站运维工器具的正确使用 2. 规范光伏电站运维操作
推荐教学方式	分组教学、角色扮演、演示操作、任务驱动
建议学时	10学时
推荐学习方法	小组协作、分组演练、问题探究、实践操作
必须掌握的理论知识	1. 光伏电站的分类、系统构成及特点 2. 集中式并网光伏电站的分类及系统构成 3. 分布式并网光伏电站的分类及系统构成
必须掌握的技能	1. 光伏电站运维工器具的正确使用 2. 触电急救

1.1　光伏电站概述

1.1.1　光伏电站的分类

1. 按光伏电站是否并网来划分

光伏电站按是否并网可以分为离网光伏电站和并网光伏电站，其中并网光伏电站又可以分为集中式并网光伏电站和分布式并网光伏电站。

2. 按装机容量来划分

光伏电站按装机容量可以分为小型光伏电站、中型光伏电站和大型光伏电站，其中小型光伏电站是指装机容量小于或等于 1 MWp 的光伏电站；中型光伏电站是指装机容量大于 1 MWp、小于或等于 30 MWp 的光伏电站；大型光伏电站是指装机容量大于 30 MWp 的光伏电站。

3. 按并网光伏电站接入电网的电压等级来划分

光伏电站按接入电网的电压等级可以分为低压电网接入的光伏电站、中压电网接入的光伏电站和高压电网接入的光伏电站。其中低压电网接入的光伏电站是指通过 1 kV 及以下电压等级接入电网的光伏电站，该类电站所发电能一般是即发即用、多余的电能馈入电网；中压电网接入的光伏电站是指通过 1～10 kV 电压等级接入电网的光伏电站，该类电站要通过升压装置将电能馈入电网；高压电网接入的光伏电站是指通过 10～330 kV 电压等级接入电网的光伏电站，该类电站也要通过升压装置才能将电能馈入电网，并且要进行远距离的电能传输。

1.1.2 光伏电站的系统构成和特点

1. 离网光伏电站的系统构成和特点

（1）离网光伏电站的系统构成

离网光伏电站主要由光伏阵列、控制器、蓄电池等组成，若要为交流负载供电，还需要配置逆变器。离网光伏电站包括边远地区的村庄供电系统、太阳能户用电源系统、通信信号电源、太阳能路灯等各种带有蓄电池并可以独立运行的光伏发电系统。离网光伏电站的系统构成如图 1-1 所示。

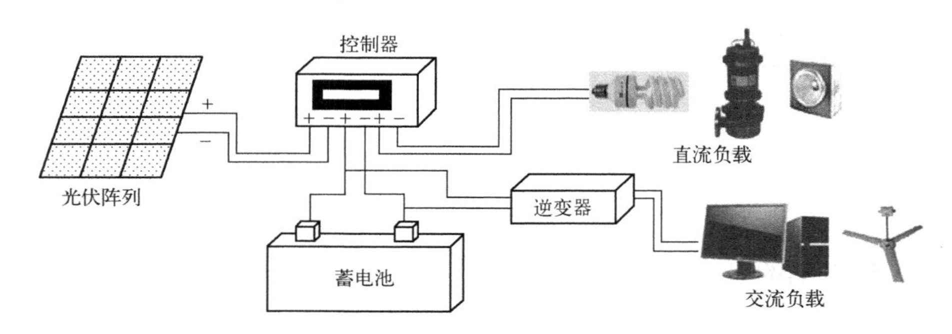

图 1-1　离网光伏电站的系统构成

（2）离网光伏电站的特点

离网光伏电站适用于无电网供电或电网电力不稳定的地区。在阳光充足时，离网光伏电站产生的直流电储存在蓄电池组中，用于夜间或阴雨天气时为用户负载提供电力。

2. 并网光伏电站的系统构成和特点

（1）并网光伏电站的系统构成

并网光伏电站由光伏阵列、直流汇流箱、直流配电柜、并网逆变器、配电升压装置、光伏电站运维管理系统等组成，最终与高压电网连接。其运行模式是在有太阳照射的条件下，光伏电站中的光伏阵列将太阳能转换成直流电能，经过直流汇流箱送入直流配电柜，直流配电柜再将直流电送入并网逆变器逆变成交流电后，根据光伏电站接入电网技术规定和光伏电站容量确定光伏电站接入电网的电压等级，再经配电升压装置接入电网。并网光伏电站的系统构成如图 1-2 所示。

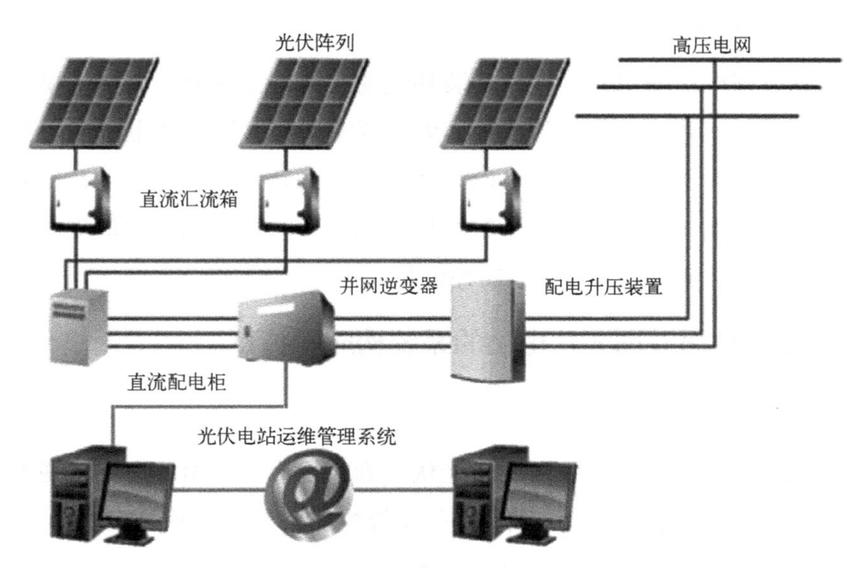

图 1-2　并网光伏电站的系统构成

（2）并网光伏电站的特点

并网光伏电站可以分为集中式并网光伏电站和分布式并网光伏电站。其中集中式并网光伏电站的主要特点是将所发电能全部输送给电网，由电网统一调配给用户供电，这种电站投资大、建设周期长、占地面积大。由于分布式并网光伏电站处于用户侧，光伏电站所发电能优先供给当地负载使用，多余的电能输入电网，由电网统一调配给用户负载使用，这使得分布式光伏电站可以有效减少对电网供电的依赖及线路损耗。除此之外，由于投资小、建设快、占地面积小、政策支持力度大等优点，分布式并网光伏电站是并网光伏电站的主流。

1.2 集中式并网光伏电站

1.2.1 集中式并网光伏电站的定义和分类

1. 集中式光伏并网电站的定义

集中式并网光伏电站是一类充分利用荒漠、山丘等拥有丰富和相对稳定的太阳能资源的地面所构建的大型并网光伏电站，该类光伏电站将太阳能通过光伏组件转化为直流电，再通过直流汇流箱和直流配电柜将直流电送入集中式并网逆变器，集中式并网逆变器再将直流电能转化为与电网同频率、同相位的交流电，然后经高压配电系统并入电网。

2. 集中式光伏并网电站的分类

集中式光伏并网电站按照光伏电站安装环境的不同，主要分为大型荒漠地面并网光伏电站和大型山丘地面并网光伏电站两种。大型荒漠地面并网光伏电站主要是利用广阔平坦的荒漠地面资源开发的光伏电站。该类电站是我国光伏电站的主力，主要集中在西部地区。大型山丘地面并网光伏电站是指利用山地、丘陵等资源开发的光伏电站。该类电站主要集中在山区、矿山以及大量不能种植的荒地。

1.2.2 大型荒漠地面并网光伏电站的系统构成和特点

1. 大型荒漠地面并网光伏电站的系统构成

大型荒漠地面并网光伏电站主要是由光伏阵列、智能汇流箱、集中式逆变器、升压变压器、光伏电站运维中心等组成，其相应的系统构成如图 1-3 所示。

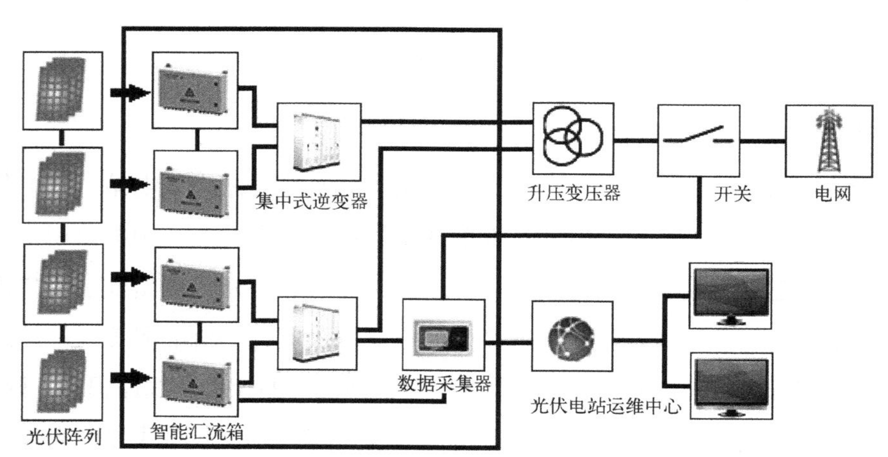

图 1-3　大型荒漠地面并网光伏电站的系统构成

2. 大型荒漠地面并网光伏电站的特点

大型荒漠地面并网光伏电站规模大，一般大于6 MW，电站逆变输出经过升压后直接馈入35 kV、110 kV、220 kV或更高电压等级的高压输电网，因该类电站所处环境地势平坦，光伏组件朝向一致，无遮挡，故多采用集中式逆变器。大型荒漠地面并网光伏电站的主要特点是运维更经济、方便，采用集中式逆变器控制更能满足电网的接入要求。

1.2.3 大型山丘地面并网光伏电站的系统构成和特点

大型山丘地面并网光伏电站分为光伏组件朝向不一致或存在早晚遮挡问题的大型山丘地面并网光伏电站和地形非常复杂的大型山丘地面并网光伏电站。

1. 光伏组件朝向不一致或存在早晚遮挡问题的大型山丘地面并网光伏电站的系统构成和特点

（1）系统构成

这种类型的光伏电站主要是由光伏阵列、智能汇流箱、具有最大功率点跟踪（Maximum Power Point Tracking，MPPT）的集中式逆变器、升压变压器和光伏电站运维中心等组成，其相应的系统构成如图1-4所示。

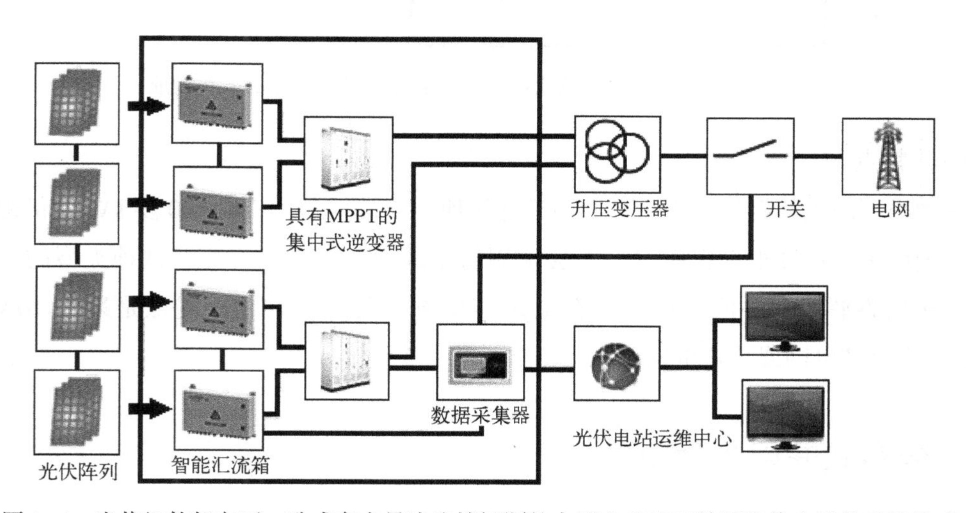

图1-4 光伏组件朝向不一致或存在早晚遮挡问题的大型山丘地面并网光伏电站的系统构成

（2）特点

这种类型的光伏电站规模大小不一，从几MW到上百MW不等，发电以并入高压电网为主，受地形影响，多有光伏组件朝向不一致或早晚遮挡问题，因此这类电站的逆变器多采用具备MPPT模式的集中式逆变器，每路MPPT能够跟踪100多kW的光伏组件，将同一朝向的光伏组件设计成一串，大大提升了施工的便利性并有效解决了朝向和遮挡问题，同时共交流母线输出，具备集中式逆变器电网友好性的特点。

2. 地形非常复杂的大型山丘地面并网光伏电站的系统构成和特点

（1）系统构成

这种类型的光伏电站主要是由光伏阵列、组串式逆变器、交流配电柜、升压变压器和光伏电站运维中心等组成，其相应的系统构成如1-5所示。

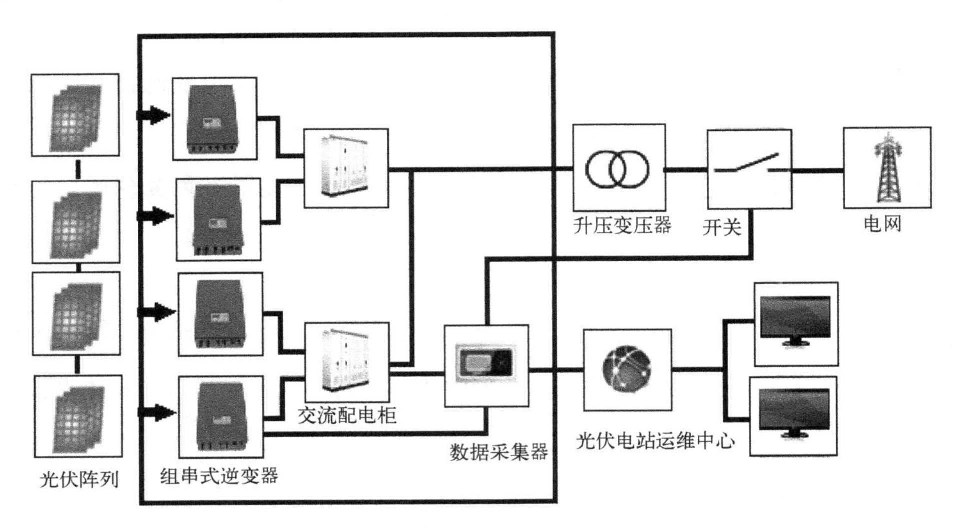

图1-5　地形非常复杂的大型山丘地面并网光伏电站的系统构成

（2）特点

这种类型的光伏电站因为所选的山丘电站地形非常复杂，实现100多kW光伏组件同一朝向铺设施工难度很大，所以一般会采用组串式逆变器作为补充。这种类型的并网光伏电站比地势平坦的并网光伏电站在电站容量方面要更小些，并网也是采用10kV或35kV接入公共电网或用户电网。

1.3　分布式并网光伏电站

1.3.1　分布式并网光伏电站的定义和分类

1. 分布式并网光伏电站的定义

分布式并网光伏电站是指利用分散式资源、装机规模较小、布置在用户附近、将太阳能直接转换为电能的发电系统。它一般接入低于35kV电压等级的电网。

2. 分布式并网光伏电站的分类

分布式光伏电站按照并网电压等级的不同可以分为低压并网型和中压并网型，其中低压并网型是指通过220 V 或 380 V 电压等级接入电网，中压并网型则是通过10~35 kV 电压等级接入电网。

分布式并网光伏电站按照安装位置的不同又可以分为建筑物型和小型地面型分布式并网光伏电站。其中建筑物型分布式并网光伏电站是指利用工业屋顶、商业屋顶及用户屋顶、幕墙、车棚、隔音墙、农业大棚等来建设的分布式并网光伏电站；小型地面型分布式并网光伏电站则是指利用鱼塘、海岛、边远农牧区和其他公共设施提供的小空地来建设的分布式并网光伏电站。

1.3.2 分布式并网光伏电站的系统构成和特点

1. 分布式并网光伏电站的系统构成

（1）装机容量低于 200 kWp 的分布式并网光伏电站

以 5 kW 家用分布式并网光伏电站为例，这类分布式并网光伏电站由光伏组件组成的光伏直流部分、逆变部分、光伏发电计量电度表和双向电度表组成的计量部分等组成，其系统构成如图 1-6 所示。

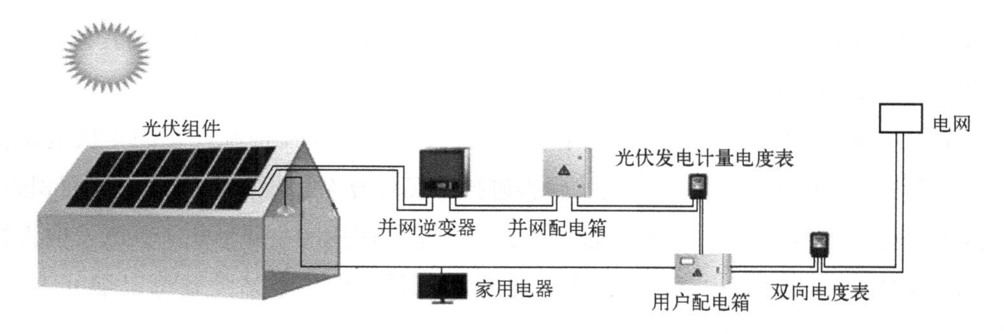

图 1-6　5 kW 家用分布式并网光伏电站的系统构成

（2）装机容量大于 200 kWp 小于 30 MWp 的分布式并网光伏电站

装机容量大于 200 kWp 小于 30 MWp 的分布式并网光伏电站由光伏组件、汇流箱、直流配电柜、组串式逆变器、双分裂升变压器、交流配电柜和并网开关柜等组成。其系统构成如图 1-7 所示。

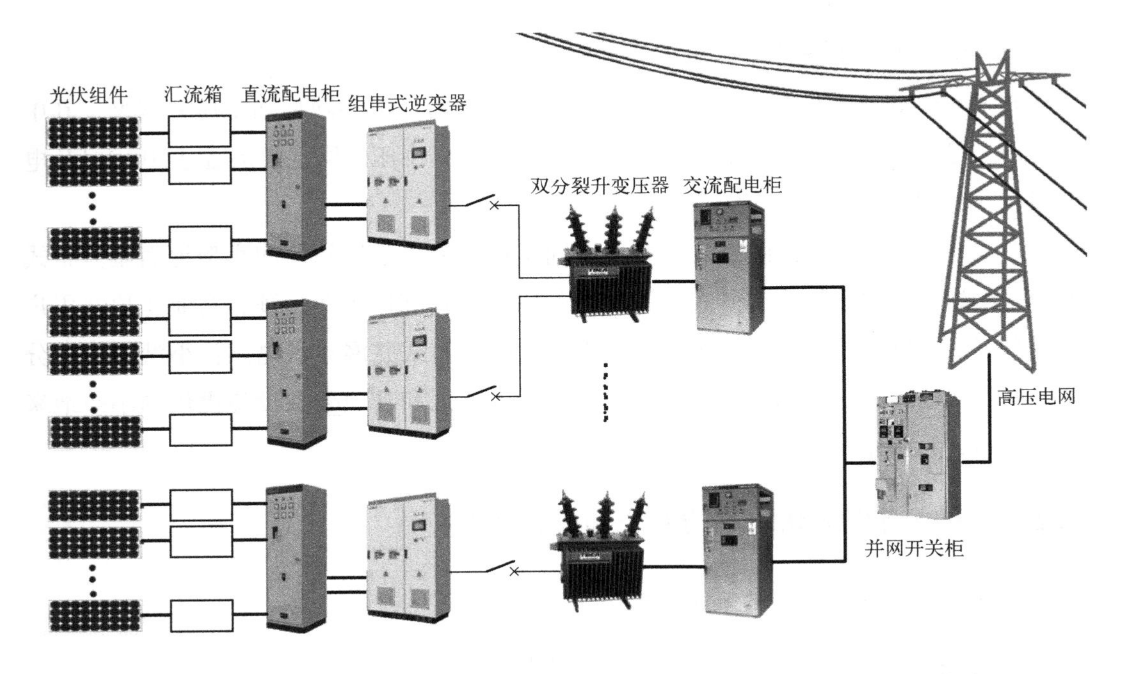

图 1-7　装机容量大于 200 kWp 小于 30 MWp 的分布式并网光伏电站的系统构成

2. 分布式并网光伏电站的特点

分布式并网光伏电站按照安装位置可以分为建筑型和小型地面型，这里分别以分布式并网光伏屋顶电站、农光互补和渔光互补分布式并网光伏电站为例来介绍其特点。

（1）分布式并网光伏屋顶电站的特点

分布式并网光伏屋顶电站是指利用厂房、公共建筑等屋顶资源开发的光伏电站，该类电站所安装的光伏组件朝向、倾角及阴影遮挡情况较复杂，规模受有效屋顶面积限制，装机容量一般在 3 kW ~ 20 MW，是当前分布式光伏电站应用的主要形式。其所发电直接馈入低压配电网或 1 ~ 35 kV 中压电网，基本能就地消纳。该类电站大致可以细分为工业、商业和户用并网光伏屋顶电站。

（2）农光互补和渔光互补分布式并网光伏电站的特点

农光互补和渔光互补分布式并网光伏电站是利用光伏发电无污染、零排放的特点，与高科技大棚（包括农业种植大棚和养殖大棚等）有机结合，在大棚的部分或全部向阳面铺设光伏发电装置，它既具有发电能力，又能为农作物及畜牧养殖提供适宜的生长环境，以此创造更好的经济效益和社会效益。目前主要有光伏农业大棚、光伏养殖大棚、水上漂浮分布式并网光伏电站等几种形式。

1.3.3 大型地面并网光伏电站与分布式并网光伏电站的比较

1. 大型地面并网光伏电站的优缺点

大型地面并网光伏电站的优点如下所述。

1）运行方式较为灵活，相对于分布式并网光伏电站，它可以更方便地进行电压和无功功率的控制，也更容易实现电网频率调节。

2）环境适应能力强，运行成本低，便于集中管理，受空间限制小，可以很容易地实现扩容。

大型地面并网光伏电站的缺点如下所述。

1）需要依赖远距离输电线路送电入网，同时自身也是电网的一个较大的干扰源，输电线路的损耗、电压跌落、无功功率补偿等问题会更加突出。

2）大型地面并网光伏电站由于远离负荷中心，所发电不能就地消纳，在用电低谷时段会导致弃光弃电现象。

3）大容量的光伏电站由多台变换装置组合实现，这些设备的协同工作需要进行统一管理，目前这方面技术尚不成熟。

4）为保证电网安全，大型地面并网光伏电站接入需要有低电压穿越等新的功能，而这一技术往往与孤岛存在冲突。

2. 分布式并网光伏电站的优缺点

分布式并网光伏电站的优点如下所述。

1）处于用户侧，发电供给当地负荷，可以有效减少对电网供电的依赖，减少线路损耗。

2）充分利用建筑物表面，可以将太阳能电池同时作为建筑材料，有效减少光伏电站的占地面积。

3）拥有与智能电网和微电网的有效接口，运行灵活，适当条件下可以脱离电网独立运行。

4）分布式并网光伏电站比大型地面并网光伏电站更节省系统并网接入、升压站建设、公共电网改造、前期申请规划等项目资金的投入。

5）分布式并网光伏电站自发自用，多余上传，能够确保电站的足额发电，不存在弃光弃电的风险。

分布式并网光伏电站的缺点如下所述。

1）配电网中的潮流方向会适时变化，逆潮流导致额外损耗，相关的保护都需要重新整定，变压器分接头需要不断变换。

2）电压和无功功率的调节困难，大规模光伏发电接入后功率因数的控制存在技术性难题。

3）需要使用配电网级的能量管理系统，在大规模光伏发电接入的情况下进行负载的统一管理。这对二次设备和通信提出了新的要求，增加了系统的复杂性。

大型地面并网光伏电站与分布式并网光优电站的不同点见表1-1。

表1-1 大型地面并网光伏电站与分布式并网光伏电站的不同点

序号	比较项目	大型地面并网光伏电站	分布式并网光伏电站
1	安装地点	多为荒漠、荒山，环境影响小，容量一般较大	多为城镇、建筑物，环境影响较大，容量受限多
2	安装方式	可以发展跟踪、聚光等技术	一般为固定安装，倾角、朝向、间距时常受限
3	申报程序	较烦琐，需一定的费用	较简化，前期费用小
4	电网接入方式	高压侧接入，需升压和专用输电线路，增加投资及损耗	一般低压侧接入，不需要升压设备，就地接入，损耗少
5	初始投资	初始投资一般高于分布式并网光伏电站，适合集中投资	一般情况下初始投资低，适合分散投资，其中与建筑物相结合型的分布式并网光伏电站的成本较大
6	装机容量比较	2019年我国光伏新增装机量17.9 GW	2019年我国光伏新增装机量12.2 GW

1.4 光伏电站运行与维护常用工器具的使用

1.4.1 光伏电站运行与维护常用仪器仪表的使用

1. 数字万用表

（1）常用功能

数字万用表是电工日常工作中常用的仪表之一，常用档位为直流电压档、交流电压档和电阻档。数字万用表不仅可以用来测量被测量物体的电阻、交直流电压，还可以测量晶体管的主要参数以及电容器的电容量等。数字万用表实物外观如图1-8所示。

（2）使用方法

准备工作：启动万用表，观察液晶显示是否正常，电量是否充足，如电量不足则应更换电池。

注意事项如下所述。

- 使用前应掌握被测量元器件的种类、大小，选择合适的档位、量程，测试表针的位置。
- 如果无法预先估计被测电压或电流的大小，则应先拨至最高量程档测量一次，再视情况逐渐把量程减小到合适位置。

图 1-8　数字万用表

- 数字万用表测量电阻、电压时显示屏显示的是有效值。
- 数字万用表红表针对应万用表内部电池的正极，黑表针对应万用表内部电池的负极。
- 改变量程时，表针应与被测点断开。
- 不测量时，应随手关闭数字万用表的电源。

（3）操作步骤

① 测量交流电压时使用交流电压档，将表针插入待测电路，读取读数。

② 测量直流电压时使用直流电压档，将数字万用表并入电路测量，红色表针接触待测元件的正极，黑色表针接触待测元件的负极，读取读数。

③ 测量电阻时使用电阻档，待测元件须为独立的不带电设备。表针接触待测元件两端，读取读数。

（4）应用实例

下面通过万用表测量来检查熔丝的好坏。

① 熔丝带电时使用电压档测熔丝两端电压。熔丝完好时，两端电压为 0 V；但熔丝熔断时，上端为所在电路电压，下端与电路脱离，两端电压为一数值较小的悬浮电位，一般不超过 5 V。故熔丝熔断时，上下两端电压值显著增大。

对于直流电路，电压会稍有波动，熔丝上下端对地电压的波动规律一致。同一时刻，若上下端对地电压相同，就可以判定熔丝完好。

② 保险不带电时须使用电阻档，依据测量电阻值的方法测量熔丝的电阻。如果熔丝完好，可测得一电阻值，读数很小；如果熔丝熔断，万用表测得无穷大，显示 OL。

2. 绝缘电阻表

（1）常用功能

绝缘电阻表又称兆欧表、摇表、梅格表，是用于测量最大电阻值、绝缘电阻、吸收比以及极化指数的专用仪表。主要由三部分组成：第一部分是高压发生器，用以产生直流电压；第二部分是测量回路；第三部分是显示部分。绝缘电阻表的外观如图 1-9 所示。

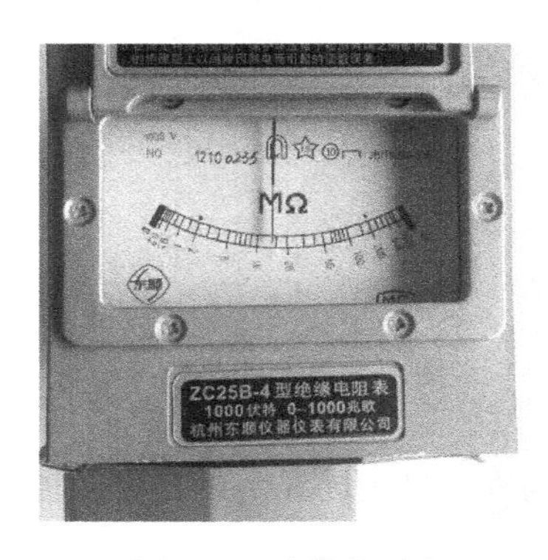

图 1-9　绝缘电阻表

（2）使用方法

准备工作：绝缘电阻表在工作时，自身产生高电压，而测量对象又是电气设备，所以必须正确使用绝缘电阻表，否则将会造成人身或设备事故。使用前要做好以下各种准备。

① 测量前必须将被测设备电源切断，对地短路放电，决不允许设备带电进行测量，以保证人身和设备的安全。

② 对可能感应出高压电的设备，必须采取相应的安全措施，才能进行测量。

③ 被测物表面应去掉绝缘层，减少接触电阻，确保测量结果的正确性。

④ 测量前要检查绝缘电阻表是否处于正常的工作状态。

⑤ 绝缘电阻表使用时应放在平稳、牢固的地方，且远离大的外电流导体和外磁场。

⑥ 在测量时，注意绝缘电阻表要正确接线，否则将引起不必要的误差甚至错误。

注意事项如下所述。

● 测量前，应将绝缘电阻表保持在水平位置，切断被测电器及回路的电源，并对相关元件进行临时接地放电，以保证人身与绝缘电阻表的安全和测量结果的准确。

- 测量时必须正确接线。绝缘电阻表共有 3 个接线端，即线接线端、地接线端和屏蔽端。
- 绝缘电阻表接线柱引出的测量软线绝缘应良好，两根导线之间和导线与地之间应保持适当距离，以免影响测量精度。
- 在进行测量时，不能用手接触绝缘电阻表的接线柱和被测回路，以防触电。
- 测量时，各接线柱之间不能短接，以免损坏。

（3）操作步骤

① 测量电机等一般电器时，仪表的线接线端与被测元件（如绕组）相接，地接线端与机壳相接。测量电缆时，除按上述规定连接外，还应将仪表的屏蔽端与被测电缆的护套连接。

② 测量后，用导体对被测元件（如绕组）与机壳之间放电后拆下引接线。直接拆线有可能被储存的电荷电击。

（4）应用实例

以测试电机绝缘电阻为例，操作步骤如下。

① 绝缘电阻表表针一端接触电机外壳（不带漆皮处），一端接触电机电源线中的一相线头，用 500 V 档位加压，查看显示的电阻值，其阻值应大于 500 MΩ 或显示 OL。

② 换电机电源线中另一相线头，重复如上试验，结果应和第一步一致。

③ 将绝缘电阻表两根表针分别接触电机电源线三相中的任意两相，重复如上试验，此时，绝缘电阻表应显示为 OL 或无穷大，若将绝缘电阻表调至电阻档，则显示数值为10 Ω左右。如果以上三步均正常，则表示此电机的绝缘和内电路良好。

④ 使用绝缘电阻表测试绝缘后，应分别对绝缘电阻表及表针、电机进行放电，即让表针或者插头短时短接，并短时接触接地极。

⑤ 绝缘电阻表表针、电机外壳、电机三相分别短时接触接地极。

3. 钳形电流表

（1）常用功能

钳形电流表的原理是建立在电流互感器的基础上的，当松开扳手使钳口闭合后，根据互感器的原理，在其二次绕组上产生感应电流，测量得到二次绕组上的电流并通过一定的数值转换就可得到被测导线上的电流并显示在钳形电流表的液晶显示屏上。当握紧钳形电流表扳手时，电流互感器的铁心可以张开，被测电流的导线进入钳口内部作为电流互感器的一次绕组。

钳形电流表是由电流互感器和电流表组合而成。主要用于变压器铁心、夹件接地电流测试。钳形电流表的外观如图 1-10 所示。

图 1-10　钳形电流表

（2）使用方法

准备工作：检查钳形电流表的电量是否充足、状态是否正常。工器具有呆扳手、活扳手、记录表等。

注意事项如下所述。

- 正确选择钳型电流表的电压等级，检查其外观绝缘是否良好，有无破损，指针是否摆动灵活，钳口有无锈蚀等。
- 被测电路电压不能超过钳形电流表上所标明的数值，否则容易造成接地事故或者引起触电危险。
- 在使用钳形电流表前应仔细阅读说明书，弄清是交流还是交直流两用钳形电流表。
- 钳形电流表每次只能测量一相导线的电流，被测导线应置于钳形窗口中央，不可以将多相导线都夹入窗口测量。钳形电流表测量导线的正确使用方法如图 1-11 所示。

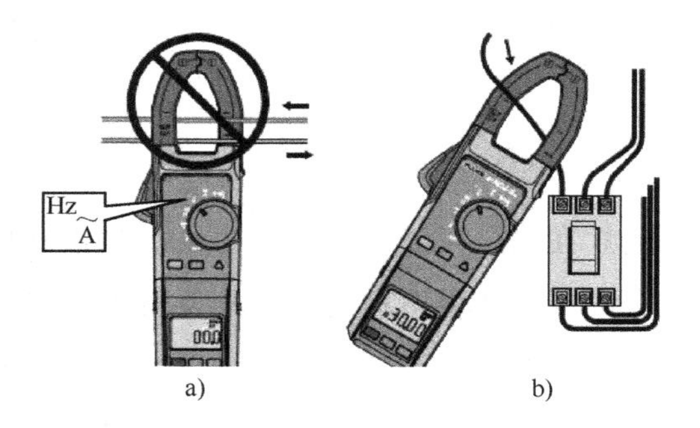

a)　　b)

图 1-11　钳形电流表测量导线的正确使用方法

a）错误使用方法　b）正确使用方法

- 使用钳形表测量前应先估计被测电流的大小，再决定使用哪一量程。若无法估计，可先用最大量程档然后适当换小些，以准确读数。不能使用小电流档测量大电流，以防损坏仪表。
- 观测钳形电流表的测量数据时，要特别注意保持头部与带部分的安全距离，人体任何部分与带电体的距离不得小于钳形电流表的整个长度。
- 使用钳形电流表测量结束后把开关拨至电流最大量程档或 OFF 位置，以免下次使用时不慎过电流，并应将钳形电流表保存在干燥的室内。

（3）操作步骤

① 打开钳形电流表，调至合适的测量位及量程。

② 握紧扳手使钳口张开，将被测导线放入钳口中央，然后松开扳手使钳口闭合紧密。钳口的结合面如有杂声，应重新开合一次，如仍有杂声应处理结合面，有尘污时要擦拭干净，使其读数准确。

③ 由于钳形电流表本身精度较低，在测量小电流时，可采用下述方法：先将被测电路的导线绕几圈，再放进钳形表的钳口内进行测量。此时钳形表所指示的电流值并非被测量的实际值，实际电流应当为钳形表的读数除以导线缠绕的圈数。

④ 读数后将钳口张开，将被测导线退出。

（4）应用实例

以测量三相异步电动机空载工作电流为例，如图 1-12 所示。操作步骤如下。

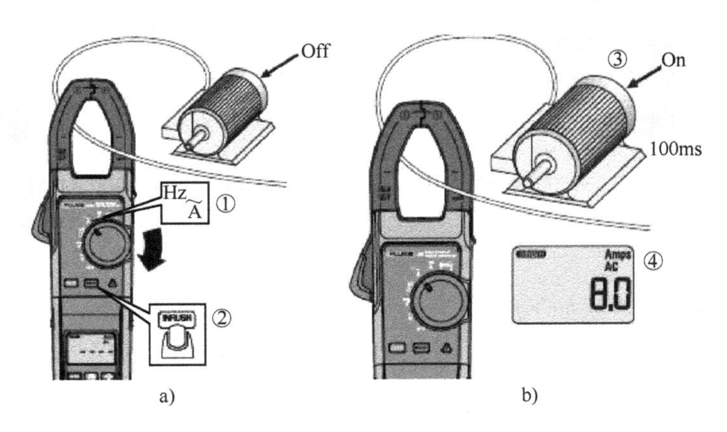

图 1-12　钳形电流表测量三相异步电动机空载工作电流

a）步骤①②　b）步骤③④

① 打开钳形电流表开关，调至交流“~”测量位，根据电动机功率估计额定电流，以选择表的量程。

② 打开空载三相异步电动机。

③ 把钳形电流表卡在三相异步电动机进线中的一根上。

④ 起动电机，读出钳形电流表的数值。待测量数据显示稳定后读数，并重复测量两次。记录 3 次测量结果，取平均值。

⑤ 如果 3 相电流都要测量，只需要重复上述③④步即可。

4. *I–V* 曲线测试仪

（1） 常用功能

I–V 曲线测试仪是太阳能光伏电站进行日常维护的一种专用仪器，用于测量单个光伏组件或组串的 *I–V* 特性、主要性能参数、温度和外部的太阳能辐射。

以 HT *I–V*400 为例，具体功能为：测试光伏组件或组串的输出电压；测试光伏组件或组串的输出电流；测量参考光伏组件或组串外部的太阳能辐射功率；可自动或手动方式使用 PT1000 测温探头测量光伏组件、组串、环境的温度；测量光伏组件或组串的直流视在功率；显示图形化的 *I–V* 特性；测量光伏组件阻抗等。HT *I–V*400 的外观和测试接线图如图 1–13 和图 1–14 所示。

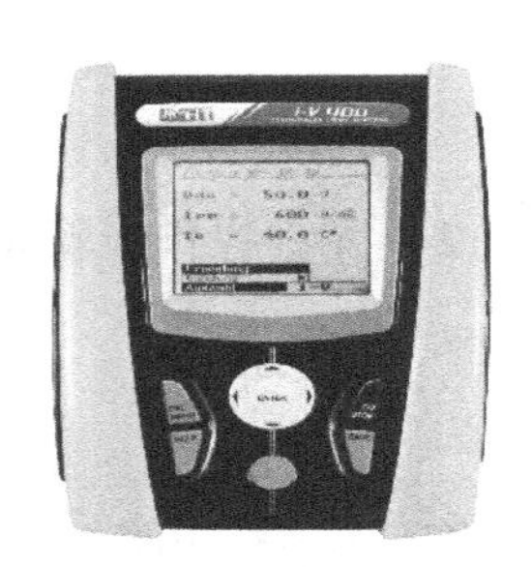

图 1–13　HT *I–V*400 外观

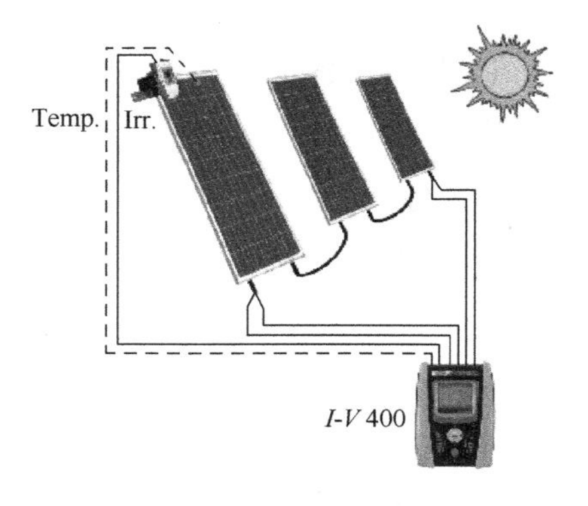

图 1–14　HT *I–V*400 测试接线图

（2） 使用方法

HT *I–V*400 的使用方法如下所述。

① 启动仪器。

② 仪器显示屏显示的界面如图 1–15 所示。

V_{dc}表示仪器的 C_1和 C_2输入端之间的电压，即太阳电池板的直流输出电压。

I_{rr}表示参考光伏组件测量的太阳能辐射功率。

T_c 表示温度探针测量的光伏组件温度。

Module 表示内部数据库中上次使用的参数模块。

Temp 表示光伏组件温度的测量模式。

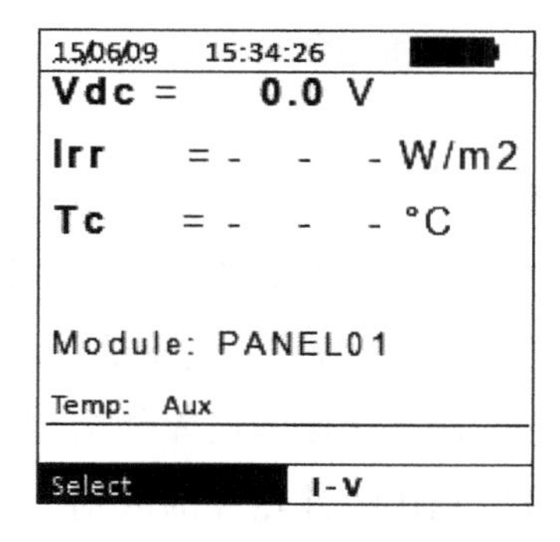

图 1-15　HT *I*-*V*400 显示屏界面

③ 按〈ENTER〉键，选择 Settings 选项，然后按〈ENTER〉键确认，即可进入设置被测光伏组件类型和组串中光伏组件数量的界面。设置好光伏组件的类型和数量，即可测量出光伏组件相应的性能参数。

5. 红外热像仪

（1）常用功能

红外热像仪就是将物体发出的不可见红外能量转变为可见的热图像。热图像上面的不同颜色代表被测物体不同部位的不同温度。红外热像仪通过有颜色的图片来显示被测量物体表面的温度分布。运维人员可以根据温度的微小差异来找出温度的异常点，根据被测物体的构造和特性进行分析，发现并诊断问题，提出改进方案。

红外热像仪的外观如图 1-16 所示。

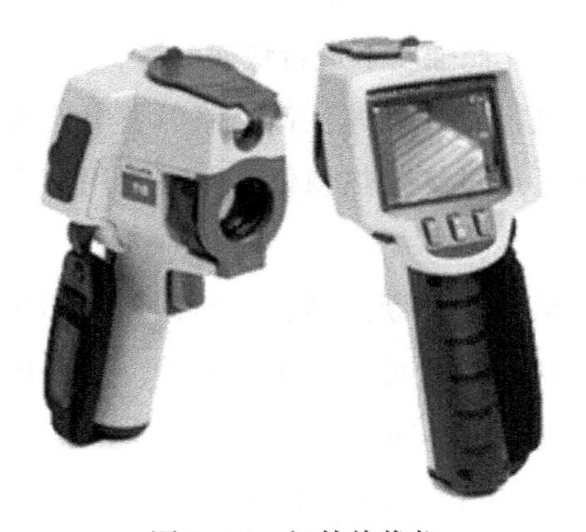

图 1-16　红外热像仪

（2）使用方法

红外热像仪的使用方法如下所述。

① 对准：将红外热像仪对准目标物体。

② 焦距：旋转焦距控件调整焦距，直到显示器上显示的图像最为清晰。

③ 拍摄：热像仪显示捕获的图像和一个菜单。

（3）应用实例

① 用红外热像仪检测光伏组件。光伏组件的发电电流大小、自身电阻消耗以及是否损坏或者老化都能从红外热像仪对单块组件的热像分析中得出。红外扫描应重点检查电池热斑、有问题的旁路二极管、接线盒、焊带、连接器等。

红外热像仪还可以给光伏组件建立热像图谱库并指定热像图谱标准，通过测试同种品牌不同状态下损坏的情况，对比光伏组件热像的区别，在光伏组件的维护和故障诊断中快速找出故障原因。用红外热像仪检测某光伏组件界面显示如图 1-17 所示。

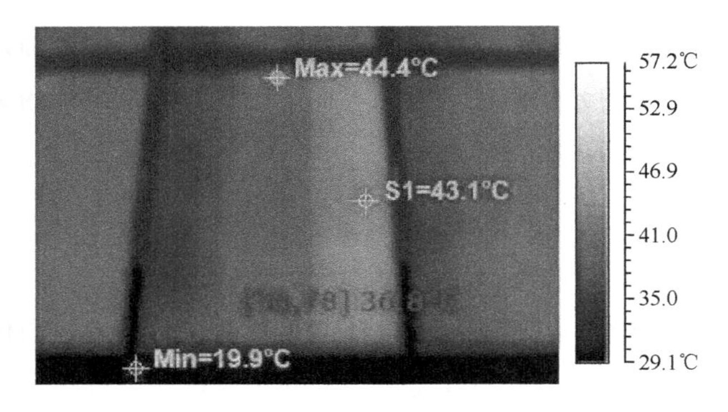

图 1-17　用红外热成像仪检测光伏组件

② 用红外热像仪检测汇流箱。光伏电站运维工作中一般通过对汇流箱每个支路的电流大小进行测试，来检查各支路的发电情况和效率。由于支路数目多，汇流箱内部接线紧凑，测量时又必须保证一定光照强度下进行快速测量，所以操作非常麻烦。

用红外热像仪对汇流箱进行红外成像，各支路因发电电流的大小而产生的热量差异能直观地在热像中体现出来。通过红外热像仪，不需要用电流表进行测量来判断支路是否有电流。

红外热像仪还能检测汇流箱中的断路器、熔断器、内部线路的运行情况，通过对比能够快速预判元器件的工作状态以及可能产生的故障。支路电流以及熔断器、电缆连接线路的红外成像图如图 1-18 和图 1-19 所示。

③ 用红外热像仪检测光伏电站的高压元器件和设备。光伏电站某些元器件和设备处于高压运行，电压高、危险大、安全性要求高，可以用红外热像仪检测。光伏电站的运维工作中引进红外热像仪检测技术对电站的常规巡检定检、故障诊断、故障提前预防以及光伏电站发电效率的分析有很大的帮助，大幅减少了运维工作成本，标志着光伏电站从粗放建设管理的阶段进入了对电站细节高要求、高精度、高标准的运营阶段。变压器冷热循环的红外热成像如图 1-20 所示。

a)

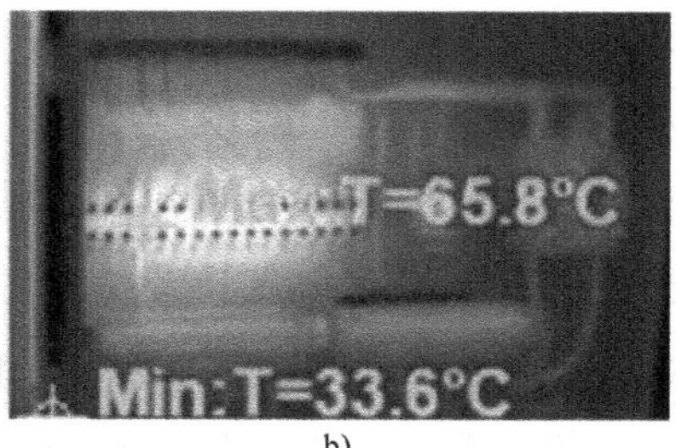

b)

图 1-18　支路电流的红外成像

a）支路电流连线图　b）支路电流红外热成像图

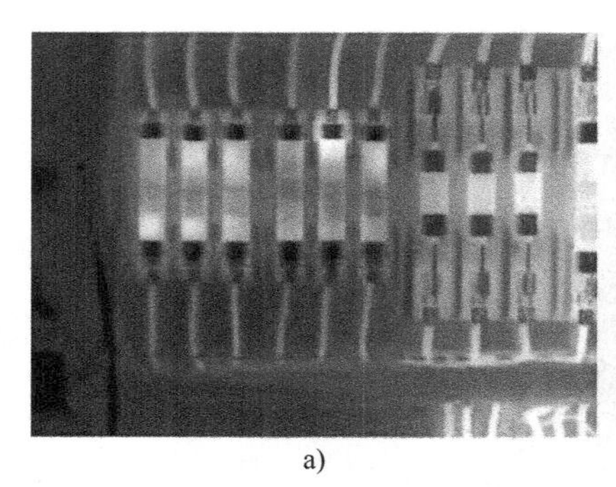

a)

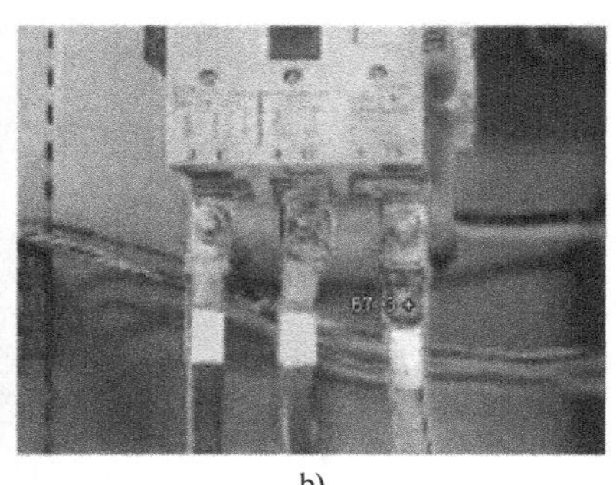

b)

图 1-19　熔断器、电缆连接线路的红外成像

a）熔断器的红外热成像　b）电缆连接线路的红外热成像

a)

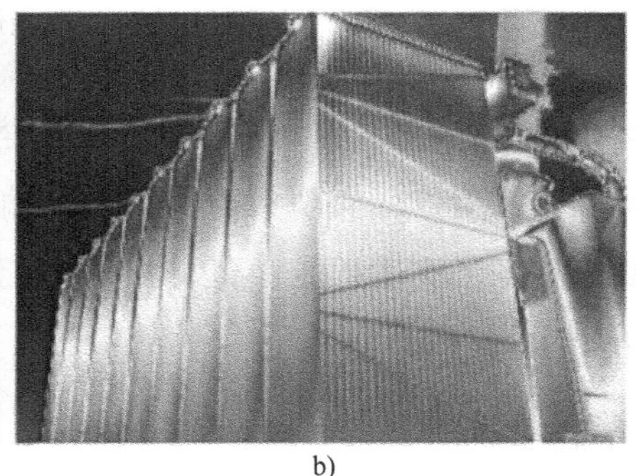

b)

图 1-20　变压器冷热循环的红外热成像

a）变压器冷循环红外热成像　b）变压器热循环红外热成像

6. 智能运维机器人

目前，光伏组件的清洗方式根据电站类型的不同分为很多种类。

荒漠大型地面电站一般可使用半自动化清洗车进行清洗。该清洗方式只适用于地面较为平坦、地面坡度在可承受范围以内、方阵的间距足够大、清洗车子可通行的电站。

坡度较大的或山地电站不能使用。

对于分布式电站，由于其规模较小，目前一般是采用人工清洗方式。但屋顶分布式电站有其特殊性，人工清洗还存在一定的风险。例如，密集的方阵清洗就比较困难，人员需要踩踏边框，这样易对组件造成隐裂；另外，一年多次清洗，需要经常踩踏屋顶，使屋顶有漏水风险，容易造成屋顶业主和光伏发电投资人之间的矛盾。

随着智能运维的需求日益增大，无人机巡检、组件清洗机器人等智能设备得到开发，并成功应用到光伏的运维领域。智能运维机器人的优势是无水清洁、智能控制、无人值守、运行参数自由设置、充电方便等。智能运维机器人如图 1-21 所示。

图 1-21　智能运维机器人

智能运维机器人目前可以用来及时清理尘垢污渍、准确探测光伏组件的热斑、检测出效能低下的光伏组件，实现数据的自动传输和人机互动远程控制，尤其可以在晚上进行运维，真正达到了高度智能、高效、安全及无人值守的目的。

7. 智能运维无人机

（1）智能运维无人机的分类

智能运维无人机按重量可分为微型无人机、轻型无人机、小型无人机以及大型无人机。微型无人机的空机质量小于等于 7 kg。轻型无人机的空机质量大于 7 kg 但小于等于 116 kg，且全马力平飞中，校正空速小于 100 km/h，升限小于 3 km。小型无人机的空机质量大于 116 kg 但小于等于 5700 kg。大型无人机的空机质量大于 5700 kg。

目前应用比较多的是微型无人机和轻型无人机。

（2）多翼无人机的工作原理

多旋翼无人机是一种具有三个及以上旋翼轴的特殊的无人驾驶飞行器。其通过每个轴上的电动机转动带动旋翼，从而产生升推力。旋翼的总距固定，而不像一般直升机那样可变。通过改变不同旋翼之间的相对转速，可以改变单轴推进力的大小，从而控制飞行器的运行轨迹，光伏巡检用的 M600 多旋翼无人机如图 1-22 所示。

图 1-22　光伏巡检用的 M600 多旋翼无人机

以四旋翼无人机为例，电机 1 和电机 3 逆时针旋转的同时，电机 2 和电机 4 顺时针旋转，因此飞行器平衡飞行时，陀螺效应和空气动力扭矩效应完全被抵消。与传统的直升机相比，四旋翼无人机的优势：各个旋翼对机身所产生的反扭矩与旋翼的旋转方向相反，因此当电机 1 和电机 3 逆时针旋转时，电机 2 和电机 4 顺时针旋转，可以平衡旋翼对机身的反扭矩，四旋翼无人机的工作原理图如图 1-23 所示。

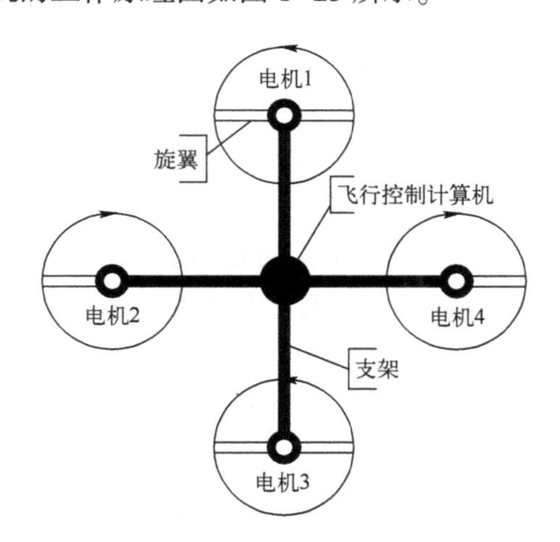

图 1-23　四旋翼无人机的工作原理图

（3）多翼无人机的操作方法

多旋翼无人机的基本控制操作：遥控器的左右各有一个遥杆，摇杆处在整个行程的中立位，可以向前、后、左、右进行拨动，四个方向分别对应油门、偏航、俯仰、横滚。目前有两种操作方式比较常用，分别是美国手和日本手。美国手左边的是偏航与油门，右边是横滚与俯仰；日本手左边是偏航与俯仰，右边是横滚与油门。

操作流程：选择起飞、降落场地→规划进出场航线→做好飞行前准备工作→无人机起飞。

（4）多翼无人机的应用

国内现在已经建成的地面光伏电站大多都是几十 MW 以上的规模，这些大型地面光伏电站覆盖面积大，组件系统排布密集，日常电池板巡检工作量很大。用无人机来监测电站能够明显提高对电站隐患、故障的定位检查能力。同时无人机还具有强大的数据处理能力，通过无人机和红外相机采集光伏电站温度、图像、地理位置等数据，快速处理并分析出电池板的状态，定位故障电池板的位置。使用无人机技术来进行光伏电站的运维效果图如图 1–24 所示。

图 1–24　无人机运维效果图

使用无人机技术进行光伏电站的运维还具有如下特点。

① 成本低廉。光伏电站传统的预防性运维方案是采用派驻人员、车辆到相关的光伏电站运维点进行定期检查的方式来防范重大问题和事故，这一运维方案费时、费力、费钱，对于大型光伏电站来说，高频次综合性的检查在成本上远高于使用无人机进行运维的方案。

采用无人机进行光伏电站的运维工作，能节省车辆、人员、燃油等诸多成本，并且能减少派出人员到光伏电站相关运维站点进行运维的费用。据统计，现在租用一台能够执行一系列光伏相关运维任务（包括组件、线缆及其他部件的视觉成像、红外热成像以及植被监测）的无人机，一年的费用大概在 15～50 万元，是所有的光伏电站运维方案中成本最低的。

② 功能强，效率高。无人机可以瞬间采集多种不同的数据，实时精确地锁定故障点的地理坐标。这种多类型数据采集的能力还支持 GPS 标注、视觉成像、激光测距脉冲雷达成像，甚至还可以对可见光波长以外的光信号进行探测。

无人机还将采集的数据实时传送至控制中心进行分析，光伏系统问题的诊断和判别效率将极大提升。另外它还能通过模式识别和变化检测技术提供更为经济便捷的预防性方案，全方位监控电站的“健康”状况，进一步优化运维响应速度。

低空飞行并携带有高分辨率红外相机的无人机可以清晰拍摄到光伏组件的许多问题，如龟裂、蜗牛纹、损坏、焊带故障等，也可以发现污点和植被遮挡这类问题，还可以使用热成像技术来监测汇流箱、接线盒、逆变器等电气设备的温度，从而可以有效避免各种电气故障的发生，无人机热成像图如图 1-25 所示。

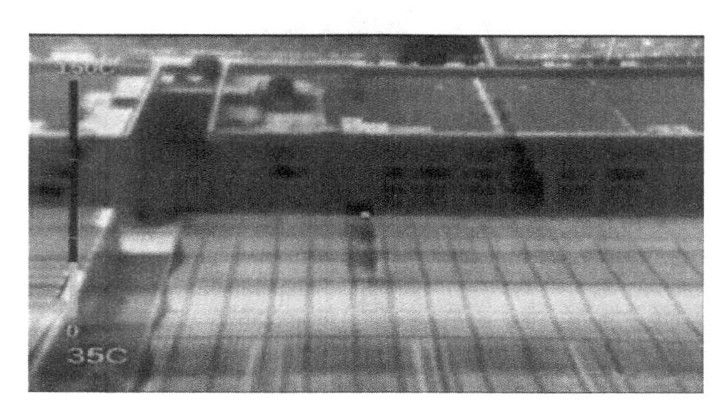

图 1-25　无人机热成像图

1.4.2　光伏电站运行与维护常用工具的使用

1. 电工刀

（1）主要用途

电工刀用来剖切导线、电缆的绝缘层，切割木台、电缆槽等。不得带电作业，以免触电。电工刀实物如图 1-26 所示。

图 1-26　电工刀

（2）注意事项

- 应将刀口朝外剖切，避免伤及手指。

- 剖切导线绝缘层时，应使刀面放平，以免割伤导线。

2. 电钻

（1）主要用途

电钻用于在金属、木材、塑料等构件上钻孔。由底座、立柱、电动机、皮带减速器、钻夹头、上下回转机构、电源连接装置等组成。电钻实物如图 1-27 所示。

图 1-27　电钻

（2）注意事项

- 根据钻孔直径选择电钻规格及钻头。
- 选用三相电源插头、插座，保持良好接地。
- 通风孔清洁畅通，手转夹头转动灵活、干燥无水。
- 电钻接触材料前，应先空转再慢慢接触材料。
- 保持钻头垂直，不能晃动，防止卡钻或折断钻头。
- 移动电钻时不扯拉橡皮软线，防止软线损伤。

3. 验电笔

（1）主要用途

验电笔又称低压验电器，检测电压范围一般为 60～500 V，常做成钢笔式或螺钉旋具式。验电笔实物如图 1-28 所示。

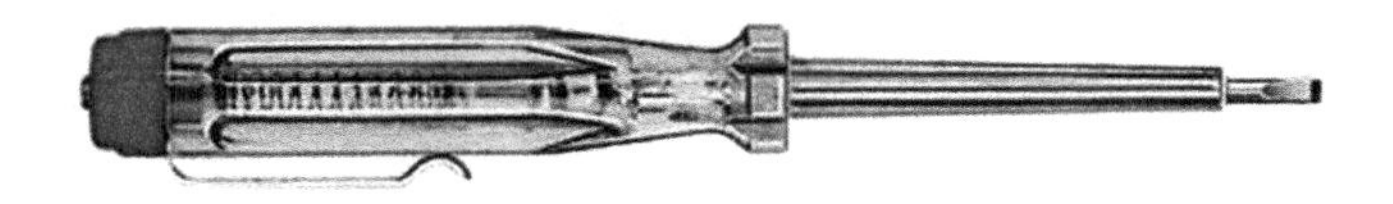

图 1-28　验电笔

（2）注意事项

- 使用前先在确定有电源处试验，验电器无问题方可使用。

- 验电时手指要触及尾部金属体，头部接触被测电器。
- 注意防止手指触及笔尖的金属部分，以免造成触电事故。

4. 套筒扳手

（1）主要用途

套筒扳手是一种常用工具组套，常用它来拧紧或者拆卸各种螺栓，相配套的还有前面的套筒头以及延长杆等工具。套筒扳手工具箱实物如图 1-29 所示。

图 1-29　套筒扳手工具箱

（2）注意事项

- 各类扳手在选用时，一般优先选用套筒扳手，其次为梅花扳手，再次为开口扳手，最后选用活扳手。
- 所选用的扳手的开口尺寸必须与螺栓或螺母的尺寸相符合，扳手开口过大易滑脱而弄伤手，还会损伤螺件的六角。
- 要注意随时清除套筒内的尘垢和油污，扳手钳口上不能沾有油脂，以防滑脱。
- 禁止扳口加垫或扳把接管。在扳紧螺母时，不可用力过猛，要逐渐施力，慢慢扭紧。

5. 数码录音笔

（1）主要用途

数码录音笔，也称数码录音棒或数码录音机，可以通过数字存储的方式来记录音频。数码录音笔在运维人员倒闸操作全过程中用来留存音频资料。数码录音笔实物如图 1-30 所示。

图 1-30　录音笔

（2）注意事项

- 机身保持清洁，注意防灰尘、防刮伤。
- 录音笔 USB 接口、充电接口、内存卡接口等防止刮伤、损耗。
- 注意防潮，不使用时，要把录音笔放置在通风干燥处，避免潮湿与阳光的暴晒，同时关断电源。

6. 对讲机

（1）主要用途

对讲机是一种双向移动通信工具，在没有任何网络支持的情况下也可以实现通话，主要用于设备区工作人员与主控室人员随时保持联系。对讲机实物如图 1-31 所示。

图 1-31　对讲机

（2）注意事项

- 对讲机长期使用后，按键、控制旋钮和机壳很容易变脏，应从对讲机上取下控制旋钮，用中性洗涤剂（不要使用强腐蚀性化学药剂）和湿布清洁机壳。
- 轻拿轻放，切勿手提天线移动对讲机。
- 不使用附件时，应盖上防尘盖（若有防尘盖）。

1.4.3 光伏电站运行与维护常用安全工器具的使用

安全工器具指为防止触电、灼伤、坠落、摔跌、中毒、窒息、火灾、雷击、淹溺等事故或职业危害，保障工作人员人身安全的个体防护装备、绝缘安全工器具等专用工具和器具。

1. 安全帽

安全帽可以对人头部起防护作用，防止坠落物及其他特定因素引起的伤害。由帽壳、帽衬、下颌带及附件等组成。安全帽实物如图 1-32 所示。

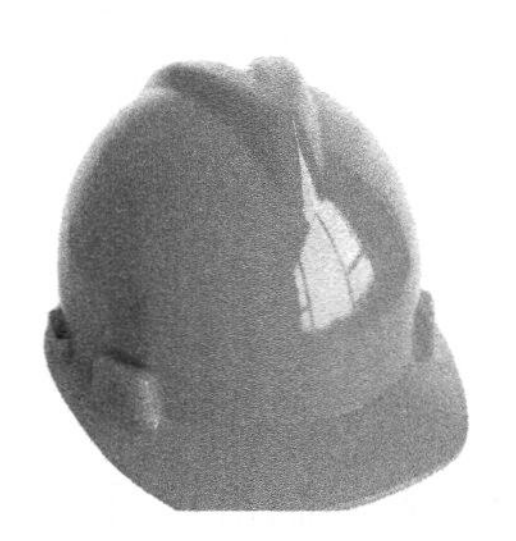

图 1-32　安全帽

（1）检查要求

① 永久标识和产品说明等标识应清晰完整，安全帽的帽壳、帽衬、帽箍扣、下颌带等组件应完好无缺失。

② 帽壳内外表面应平整光滑，无划痕、裂缝和孔洞，无灼伤、冲击痕迹。

③ 帽衬与帽壳应连接牢固，后箍、锁紧卡等应开闭调节灵活，卡位牢固。

④ 使用期从产品制造完成之日起计算。植物枝条编织帽不得超过两年，塑料和纸胶帽不得超过两年半。玻璃钢（维纶钢）橡胶帽不超过三年半。超期的安全帽应抽查检验合格后方可使用，以后每年抽检一次。每批从最严酷的使用场合中抽取，每项试验试样不少于两顶，有一顶不合格，则该批安全帽报废。

（2）使用要求

① 任何人员进入生产、施工现场必须正确佩戴安全帽。针对不同的生产场所，根据安全帽产品说明选择适用的安全帽。

② 安全帽戴好后，应将帽箍扣调整到合适的位置，锁紧下颌带，防止工作中前倾、后仰或其他原因造成的安全帽滑落。

③ 受过一次强冲击或做过试验的安全帽不能继续使用，应予以报废。

④ 高压近电报警安全帽使用前应检查其音响部分是否良好，但不得作为无电依据。

2. 绝缘手套

绝缘手套由特种橡胶制成，起电气辅助绝缘作用。绝缘手套实物如图 1-33 所示。

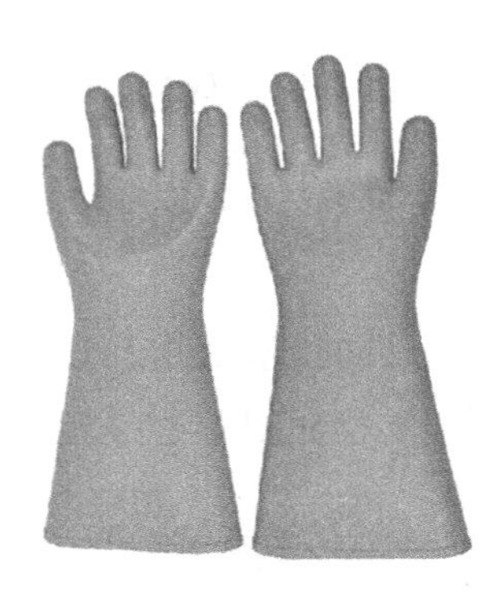

图 1-33　绝缘手套

（1）检查要求

① 绝缘手套的电压等级、制造厂名、制造年月等标识应清晰完整。

② 手套应质地柔软、良好，内外表面均应平滑、完好无损，无划痕、裂缝、折缝和孔洞。

③ 用卷曲法或充气法检查手套有无漏气现象。

（2）使用要求

① 绝缘手套应根据使用电压的高低和不同防护条件来选择。

② 使用绝缘手套时应将上衣袖口套入手套筒口内。

③ 按照有关要求进行设备验电、倒闸操作、装拆接地线等工作时应戴绝缘手套。

3. 绝缘靴

辅助型绝缘靴由特种橡胶制成，用于人体与地面辅助绝缘。

（1）检查要求

① 鞋帮或鞋底上的鞋号、生产年月、标准号、电绝缘字样（或英文 EH）、闪电标记、耐电压数值、制造商名称、产品名称、电绝缘性能、出厂检验合格印章等标识应清晰完整。

② 绝缘靴应无破损，宜采用平跟，鞋底应有防滑花纹，鞋底（跟）磨损不超过 1/2。鞋底不应出现防滑齿磨平、外底磨露出绝缘层等现象。

（2）使用要求

① 使用绝缘靴时，应将裤管套入靴筒内。避免接触尖锐的物体，避免接触高温或腐

蚀性物质，防止受到损伤。严禁将绝缘靴挪作他用。

② 雷雨天气或一次系统有接地时，巡视光伏电站室外高压设备时应穿绝缘靴。

4. 绝缘梯

绝缘梯由绝缘材料制成，用于高处作业时登高作业。绝缘梯实物如图 1-34 所示。

图 1-34　绝缘梯

（1）检查要求

① 型号或名称及额定载荷、梯子长度、限高标志、厂家、制造年月、执行标准及基本危险警示标志（复合材料梯的电压等级）应清晰明显。

② 踏棍（板）与梯梁连接牢固，整梯无松散，各部件无变形，梯脚防滑良好，梯子竖立后平稳，无目测可见的侧向倾斜。

③ 升降梯升降灵活，锁紧装置可靠。铰链牢固，开闭灵活，无松动。

④ 折梯限制开度装置完整牢固。延伸式梯子操作用绳无断股、打结等现象，升降灵活，锁位准确可靠。

（2）使用要求

① 梯子应放置稳固，梯脚要有防滑装置。使用前，应先进行试登，确认可靠后方可使用。有人员在梯子上工作时，梯子应有人扶持和监护。

② 在通道上使用梯子时，应设监护人或设置临时围栏。梯子不准放在门前使用，必要时应采取防止门突然开启的措施。

③ 严禁人在梯子上时移动梯子，严禁上下抛递工具、材料。

④ 在光伏电站高压设备区、高压室内应使用绝缘材料的梯子，禁止使用金属梯子。搬动梯子时，应放倒两人搬运，并与带电部分保持安全距离。

1.5　电力安全基础

电是现代化生产和生活中不可缺少的重要能源。在用电过程中，必须特别注意电气安全，否则有可能造成电源中断，设备损坏，甚至引发人身触电事故，或者引起火灾和爆炸。因此，电力安全生产具有极其重要的意义。

1.5.1　有关触电的基本知识

1. 触电的类型

触电是指人体触及带电体后电流对人体造成的伤害。它有两种类型，即电击和电伤。

（1）电击

电击俗称触电，是指电流通过人体内部所引起的损伤。电击会使肌肉发生痉挛收缩，严重时会影响呼吸系统、心脏及神经系统的正常功能，甚至危及生命。电击致伤的部位主要在人体内部，属于全身性伤害，还会留下明显的特征，如电标、电纹和电流斑等。几十毫安的工频电流即可使人遭到致命电击，大部分触电死亡事故都是由电击造成的。

（2）电伤

电伤是指电流的热效应、化学效应、机械效应及电流本身作用对人体造成的伤害。电伤一般发生在人体外部，即在人体皮肤表面留下明显的伤痕，主要有电烧伤、皮肤金属化和电烙印等。

在触电事故中，电击和电伤常会同时发生，一般来说电伤比电击危险程度要低一些，而且大部分电击都伴有电伤。

2. 触电事故产生的原因

产生触电事故有以下原因。

1）缺乏电气安全用电知识，触及带电的导线。

2）违反操作规范，人体直接接触带电体。

3）电气设备存在安全隐患或者设备管理不当，损坏设备绝缘，发生漏电，人体碰触漏电设备外壳。

4）维护不良，如高压线路落地，未能及时维修，跨步电压对人体造成伤害。

5）安全组织措施和安全技术措施不完善或操作者误操作造成触电事故。

6）其他偶然因素，如人体受雷击等。

3. 安全用电的措施

电力是国民经济的重要能源，但不懂得安全用电知识就容易造成触电身亡、电气火灾、电器损坏等意外事故，因而在用电过程中必须特别注意电气安全，在思想上高度重视，完善各种组织和技术措施。

（1）组织措施

① 在电气设备的设计、制造、安装、运行、使用、维护以及专用保护装置的配置等环节中，要严格遵守国家制定的标准和法规。

② 对从事电气工作的人员，应加强安全教育，加强培训和考核，以增强安全意识和防护技能，杜绝违章操作。

③ 建立健全的安全规章制度，如安全操作规程、电气安装规程、运行管理规程、维护检修制度等，并在实际工作中严格执行。

（2）技术措施

1）停电工作中的安全措施。

在线路上作业或检修设备时，应在停电后进行，并采取下列安全技术措施。

① 切断电源。切断电源必须按照停电操作顺序进行，各路电源都要断开，保证各路电源有一个明显断点。对多回路的线路，要防止从低电压侧反送电。

② 验电。停电检修的设备或线路，必须验明电气设备或线路无电后，才能确认无电，否则应视为有电。验电时，应选用电压等级相符、经试验合格且在试验有效期内的验电器对检修设备的进出线两侧各相分别验电。

③ 装设临时接地线。对于可能送电到检修的设备或线路，以及可能产生感应电压的地方，都要装设接地线。装设接地线时，应先接好接地端，在验明电气设备或线路无电后，立即接到被检修的设备或线路上，拆除时与之相反。操作人员应戴绝缘手套，穿绝缘鞋，人体不能触及临时接地线，并有人监护。临时接地线应使用导线截面积不小于 2.5 mm^2的多股软裸铜绞线。严禁使用不符合规定的导线作接地和短路之用。

④ 悬挂警告牌。停电工作时，对一经合闸即能送电到检修设备、线路开关和隔离开关的操作手柄，要在其上悬挂“禁止合闸、线路有人工作”的警告牌，必要时派专人监护或加锁固定。

2）带电工作中的安全措施。

① 在低压电气设备或线路上进行带电工作时，应使用合格的带有绝缘手柄的工具，穿绝缘鞋，戴绝缘手套，并站在干燥的绝缘物体上，同时派专人监护。

② 对工作中可能碰触到的其他带电体及接地物体，应使用绝缘物隔开，防止相间短路和接地短路。

③ 检修带电线路时，应分清相线和地线。断开导线时，应先断开相线，后断开地线；搭接导线时，应先接地线，后接相线。接相线时，应将两个线头搭实后再行缠接，切不可使人体或手指同时接触两根相线。

④ 高、低压线同杆架设时，检修人员离高压线的距离要符合安全距离。

（3）其他安全措施

① 电气设备的金属外壳要采取保护接地或接零。

② 安装自动断电装置。

③ 尽可能采用安全电压。

④ 保证电气设备具有良好的绝缘性能。

⑤ 采用电气安全用具。

⑥ 设立屏护装置。

⑦ 保证人或物与带电体的安全距离。

⑧ 定期检查用电设备。

以上安全措施对防止触电事故和电气设备安全运行是非常重要的。

1.5.2 触电急救的方法

1. 解脱电源

人在触电后可能由于失去知觉或超过人的摆脱电流而不能自己脱离电源，此时抢救人员不要惊慌，要在保护自己不触电的情况下使触电者脱离电源。

1）如果接触电器触电，应立即断开近处的电源，可就近拔掉插头、断开开关或打开保险盒。

2）如果碰到破损的电线而触电，附近又找不到开关，可用干燥的木棒、竹竿等绝缘工具把电线挑开，挑开的电线要放置好，不要使人再触到。

3）如一时不能实行上述方法，触电者又趴在电器上，可隔着干燥的衣物将触电者拉开。抢救者脚下最好垫有干燥的绝缘物。

4）在脱离电源过程中，如触电者在高处，要防止脱离电源后跌伤而造成二次受伤。

5）在使触电者脱离电源的过程中，抢救者要防止自身触电。在没有绝缘防护的情况下，切勿用手直接接触触电者的皮肤。

2. 脱离电源后的判断

触电者脱离电源后，应迅速判断其症状，根据其受电流伤害的不同程度，采用不同的急救方法。

（1）判断触电者有无知觉

触电如引起呼吸停止及心脏室颤动、停搏，要迅速判明，立即进行现场抢救。因为超过 5 min，大脑将发生不可逆的损害；超过 10 min，大脑已死亡。因此必须迅速判明触电者有无知觉，以确定是否需要抢救。可以用摇动触电者肩部、呼叫其姓名等方法检查有无反应，若没有反应，就有可能呼吸、心搏停止，这时应抓紧进行抢救工作。

（2）判断呼吸是否停止

将触电人移至干燥、宽敞、通风的地方，将衣裤放松，使其仰卧，观察胸部或腹部有无因呼吸而产生的起伏动作，若不明显，可用手或小纸条靠近触电人的鼻孔，观察有无气息流动；或用手放在触电者胸部，感觉有无呼吸动作。若没有气息流动或呼吸动作，说明呼吸已经停止。

（3）判断脉搏是否搏动

用手检查颈部的颈动脉或腹股沟处的股动脉，判断有无搏动，如有搏动，说明心脏还在工作。另外，还可用耳朵贴在触电人心脏区附近，倾听有无心脏跳动的声音，若有心脏跳动的声音，也说明心脏还在工作。

（4）判断瞳孔是否放大

瞳孔是受大脑控制的一个自动调节的光圈，如果大脑机能正常，瞳孔可随外界光线的强弱自动调节大小。处于死亡边缘或已死亡的人，由于大脑细胞严重缺氧，大脑中枢失去对瞳孔的调节功能，瞳孔会自行放大，对外界光线强弱不再做出反应。

3. 触电的急救方法

（1）发生触电时现场急救的具体方法

1）病人神志清醒，但感觉心慌、乏力、头昏、心悸、出冷汗、四肢麻木，甚至有恶心或呕吐。此类病人应移到温度适宜、通风良好处静卧休息，待其慢慢恢复。同时也需要严密观察，防止病人发生突发病变；情况严重时，应立即抢救并联系医院。

2）病人有心跳和呼吸，但神志昏迷。此时应将病人仰卧，严密观察，并作好人工呼吸和心脏按压的准备工作，同时联系医院。

3）病人心跳停止，则用体外人工心脏按压法来维持血液循环；病人呼吸停止，则用口对口的人工呼吸法来维持气体交换；病人呼吸、心跳均已停止时，则需同时进行上述两种方法并联系医院，急救措施不能中断，直到心跳、呼吸恢复或者确诊死亡。

（2）口对口人工呼吸法的操作方法

1）将病人仰卧，解开领口和紧身衣着，放松裤带，以免影响呼吸时胸廓的自然扩张。然后将病人的头偏向一边，张开其嘴，用手指清除口内中的假牙、血块和呕吐物，使呼吸道畅通。并使其头部充分后仰，以解除舌下坠所至的呼吸道梗阻。

2）急救者在病人的一边，以近其头部的一手紧捏病人的鼻子（避免漏气），并将手掌外缘压住其额部，另外一只手的拇指和食指掰开嘴巴；如果掰不开嘴巴，可以先用口对鼻的人工呼吸法，捏紧嘴巴，紧贴鼻孔吹气。

3）急救者深吸气后，紧贴病人的嘴大口吹气，也可隔一层布吹气，同时观察胸部是否膨胀，以确定吹气是否有效和适度。

4）吹气停止后，急救者头稍侧转，放松病人的口和鼻，让他自动呼气，此时应注意病人胸部复原的情况，倾听呼气声，观察有无呼吸道梗阻。

5）如此反复进行，每分钟吹气 12 次，即每 5 s 吹一次。

（3）心脏按压的操作方法

1）使病人仰卧于硬板上或地上，不可躺在软的地方，以保证挤压效果。

2）抢救者跪在病人的腰部。

3）抢救者以一手掌根部按于病人胸下二分之一处，即中指指尖对准其胸部凹陷的下缘，另一手压在该手的手背上，肘关节伸直。依靠体重和臂、肩部肌肉的力量，掌根垂直用力，向脊柱方向压迫胸骨下段，按压要平稳，不能间断，使成人胸骨下陷 3.8～5 cm，使心脏内血液搏出。抢救儿童时应用一只手，而且用力要轻一些。

4）挤压后迅速放松（要注意掌根不必完全离开胸壁），让病人的胸廓自动复原，此时，心脏舒张，大静脉的血液回流到心脏。

5）按照上述步骤，连续操作，每分钟需进行 60 次，即每秒一次。

实例表明：触电后 1 min 内急救，有 60%～90%的救活可能；触电后 1～2 min 内急救，有 45%的救活可能；触电后 6 min 才进行急救，只有 10%～20%的救活可能；时间再长救活的可能性将更小，但仍有可能。所以触电急救必须分秒必争，在进行触电急救时要同时向医护人员求救。施行人工呼吸和心脏按压必须坚持不懈，直到触电人苏醒或医护人员前来救治为止。只有医生才有权宣布触电人真正死亡。

思考与练习

1. 光伏电站的分类及组成是什么？

2. 集中式光伏并网电站的分类及组成结构是什么？

3. 分布式光伏并网电站的分类及组成结构是什么？

4. 简述红外热像仪的工作原理。

5. 简述智能运维机器人的优缺点。

6. 简述多旋翼无人机的优缺点。

7. 触电伤害包括哪两种？分别指的什么？

8. 触电急救的一般流程是怎样的？

第2章　光伏电站的主要设备

要运行和维护好一个大型地面并网光伏电站，必须熟练掌握光伏电站中各个设备的组成结构、功能、电气连接等，进而实现光伏电站的高效、安全、经济、稳定运行。本章以大型地面并网光伏电站为例，介绍了该类电站中常见设备的组成结构、工作原理、功能等，并对设备间的电气连接进行了阐述，最后对设备的应用进行了分析。

教学导航

知识重点	1. 光伏组件的功能、组成结构、技术参数及应用 2. 直/交流光伏汇流箱的功能、组成结构及电气连接 3. 直/交流配电柜的功能、组成结构及电气连接 4. 逆变器的功能、技术参数及应用 5. 变压器的分类、技术参数、特点及应用 6. 开关柜的功能、分类、组成结构 7. SVG 的功能、组成结构
知识难点	1. 光伏电站各组成设备（光伏组件、直/交流光伏汇流箱、直/交流配电柜、逆变器、变压器、开关柜、SVG 等）的功能、技术参数、电气连接及应用 2. 针对不同类型、不同规模的光伏电站，规划设备选型
推荐教学方式	分组教学、现场讲授、演示操作、任务驱动
建议学时	10 学时
推荐学习方法	小组协作、分组演练 、问题探究、实践操作
必须掌握的理论知识	光伏电站各组成设备（光伏组件、直/交流光伏汇流箱、直/交流配电柜、逆变器、变压器、开关柜、SVG 等）的功能、特点、组成结构、技术参数、电气连接及应用
必须掌握的技能	1. 针对不同类型、不同规模的光伏电站，能够规划设备选型 2. 熟练掌握各个设备的实际应用

2.1　光伏组件

2.1.1　光伏组件的分类、特点及组成结构

1. 光伏组件的分类及特点

单体太阳能电池片的电流和电压都很小，单片功率低，电极暴露在空气中非常容易

氧化，耐候性能差，衰减非常迅速，单体太阳能电池片不能直接做电源使用。将若干单体太阳能电池片串、并联连接，通过串联获得高电压，并联获得高电流后，经防反充二极管输出，为适应户外环境，严密封装，构成能单独提供直流电输出的最小不可分割的太阳能电池组合装置，称为光伏组件。太阳能电池片、光伏组件与光伏方阵如图 2-1 所示。

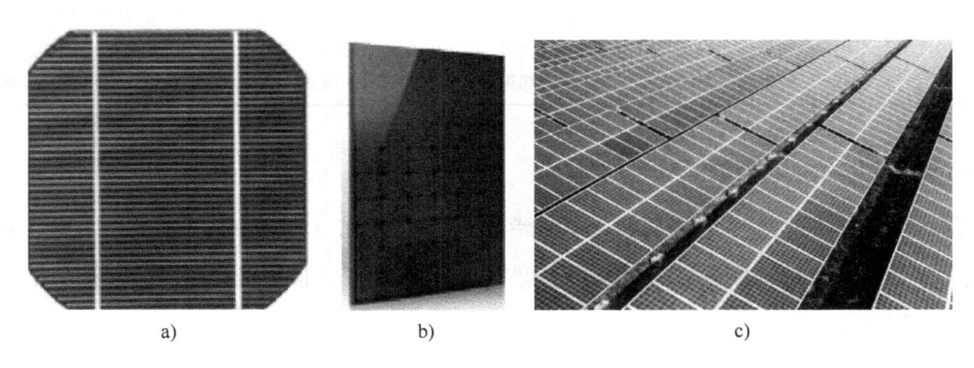

a)　　　b)　　　c)

图 2-1　太阳能电池片、光伏组件与光伏方阵

a）太阳能电池片　b）光伏组件　c）光伏方阵

目前光伏电站常用的光伏组件根据它的太阳能电池原料构成分为单晶硅、多晶硅、非晶硅薄膜和多元化合物光伏组件。其中，由于多元化合物光伏组件具有较好的弱光效应和较低的成本优势，其市场份额逐步增大。光伏组件与相应太阳能电池的分类及特点见表 2-1。

表 2-1　光伏组件与相应太阳能电池的分类及特点

分　　类	特　　点
单晶硅	单晶硅太阳能电池的光电转换效率一般为 21%左右，最高可达到 25%。在所有光伏组件中，单晶硅太阳能电池的光电转换效率是最高的，但其制作成本较大。单晶硅一般采用钢化玻璃及防水树脂封装，因此坚固耐用，使用寿命一般可达 15 年，最高可达 25 年
多晶硅	多晶硅太阳能电池的制作工艺与单晶硅太阳能电池近似，但是多晶硅太阳能电池的光电转换效率一般为 14%左右，最高可达到 21%。从制作成本上来讲，它比单晶硅太阳能电池要低一些，制造材料简便，能节约电耗，总的生产成本较低，因此得到大量发展，但其使用寿命比单晶硅太阳能电池短
非晶硅	非晶硅薄膜太阳能电池与单晶硅和多晶硅太阳能电池的制作方法完全不同，工艺过程简化，硅材料消耗少，电耗低，在弱光条件也能发电。但非晶硅薄膜存在的主要问题是光电转换效率偏低，国际先进水平为 10%左右，且不够稳定，随着使用时间的延长，其转换效率还会衰减
多元化合物	多元化合物电池指用多种半导体材料制成，主要有以下几种。 1. 硫化镉、碲化镉太阳能电池。其光电转换效率较非晶硅薄膜电池高，成本较单晶硅太阳能电池低，并且也易于大规模生产，但由于镉有剧毒，会对环境造成严重的污染。因此，这类电池并不是晶体硅太阳能电池最理想的替代产品 2. 砷化镓（GaAs）化合物电池。GaAs 化合物材料具有十分理想的光学带隙以及较高的吸收效

（续）

分　类	特　点
多元化合物	率，抗辐照能力强，耐高温，在250℃的条件下，光电转换性能仍然良好，其最高转换效率可达30%，适合于制造高效单结电池。由于镓比较稀缺，砷有毒，GaAs材料的价格不菲，GaAs化合物电池的发展受到一定的影响 3. 铜铟硒薄膜电池（CIS）。CIS以铜、铟、硒三元化合物半导体为基本材料制成的太阳能电池，是一种多晶薄膜结构，适合光电转换，不存在光致衰退问题，转换效率和多晶硅太阳能电池一样，具有价格低廉、性能良好和工艺简单等优点，CIS将成为今后发展太阳能电池的一个重要方向。唯一的问题是材料的来源稀缺，由于铟和硒都是比较稀有的元素，因此，这类电池的发展又必然受到限制

2. 光伏组件的组成结构

光伏组件由焊带、钢化玻璃、乙烯-醋酸乙烯共聚物（Ethylene Vinyl Acetate，EVA）胶膜（太阳能电池封装胶膜）、背板、铝型材边框、硅胶、接线盒、电池片等组成。光伏组件的组成结构见表2-2。

表2-2　光伏组件的组成结构

组成部分	作　用
钢化玻璃	钢化玻璃的作用为保护发电主体，透光选用的要求是： 1. 透光率必须高（一般91%以上） 2. 超白钢化处理
EVA胶膜	EVA胶膜为热熔胶粘剂，用来封装电池片，将电池片、钢化玻璃、背板黏接在一起，具有一定黏接强度，能增强光伏组件的抗冲击性能
电池片	电池片的主要作用就是发电，市场上主流的是晶体硅电池
背板	背板作为背面保护封装材料，对阳光有反射作用，提高光伏组件效率，耐老化、耐腐蚀、不透气，具有较高的红外发射率，还可降低光伏组件的工作温度
铝型材边框	铝型材边框用来保护玻璃边缘，加强光伏组件密封性能和提高光伏组件整体机械强度，便于光伏组件的安装和运输
接线盒	接线盒保护整个发电系统，起到电流中转站的作用。如果光伏组件短路，接线盒自动断开短路的光伏组串，防止烧坏整个系统。接线盒中最关键的是二极管的选用，根据光伏组件内太阳能电池片类型的不同，对应的二极管也不相同
硅胶	硅胶起到密封作用，用来密封光伏组件与铝合金边框、光伏组件与接线盒交界处。国内普遍使用硅胶，工艺简单、方便、易操作，而且成本很低。还可使用双面胶条、泡棉来替代硅胶

2.1.2　光伏组件的技术参数

1. 光伏组件的电气参数

光伏组件的输出电压和电流会随温度和光强的变化而变化，光伏组件的参数测试一般需要符合标准测试条件（Standard Test Condition，STC），即辐照度为1000 W/m^2，组件温度25℃，大气质量AM1.5。

1）开路电压 U_{oc}：负荷断开，即 $I=0$ 时的端电压。串联太阳能电池片的数量不同，光伏组件的开路电压也不同。

2）短路电流 I_{sc}：光伏组件的正负极短路时测得的电流，即为短路电流值。短路电流随着光强变化而变化。

3）峰值电压 U_{mpp}：也叫最大功率点电压、最大工作电压或最佳工作电压，即光伏组件工作在最大功率点的输出电压。

4）峰值电流 I_{mpp}：也叫最大工作电流或最佳工作电流、最大功率点电流，即光伏组件工作在最大功率点的输出电流。

5）峰值功率 P_{mpp}：也叫光伏组件的最大功率点功率。光伏组件的最大输出功率为

$$P_{mpp}=U_{mpp}\cdot I_{mpp} \tag{2-1}$$

6）填充因子 FF：也叫曲线因子，是光伏组件的最大输出功率与开路电压和短路电流乘积的比值，即

$$FF=\frac{I_{mpp}\cdot U_{mpp}}{U_{oc}\cdot I_{sc}}=\frac{P_{mpp}}{U_{oc}\cdot I_{sc}} \tag{2-2}$$

填充因子是评价光伏组件输出特性好坏的一个重要参数，它的值越高，表明光伏组件输出特性越趋于矩形，光电转换效率越高。光伏组件的填充因子系数一般在0.5~0.8之间，也可以用百分数表示。

7）转换效率：指光伏组件将光能转换成电能的效率，即受光照光伏组件的最大功率与入射到该组件总面积上的辐照功率的百分比。即

$$\eta=\frac{P_{mpp}}{A_t P_m} \tag{2-3}$$

式中，P_{mpp}——光伏组件的最大功率，单位为W；

A_t——光伏组件的总面积，单位为 m^2；

P_m——P_{mpp} 对应测试条件下的辐照度，单位为 W/m^2。

有时也用活性面积取代，即从总面积中扣除栅线所占面积，这样计算出来的效率要高一些。

8）光伏组件的伏安特性：光伏组件在不同光照条件或温度条件下的输出电流、电压和输出功率的曲线，也就是“电流-电压”特性曲线，也可以表示为 $I-V$ 特性曲线。它能够反映出光伏组件的光电转换能力，如图2-2所示。

在光伏组件的 $I-V$ 特性曲线上，有三个具有重要意义的点：开路电压、短路电流和峰值功率。

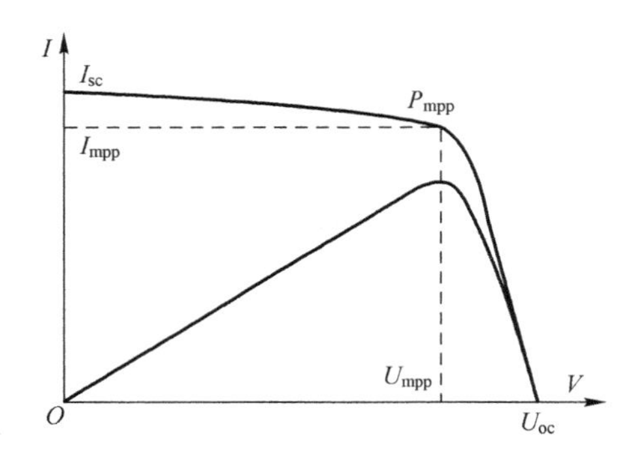

图 2-2　光伏组件的 I–V 特性曲线

2. 光伏组件的机械参数

（1）电池片数目

一块光伏组件通常由 60 片（6×10）或 72 片（6×12）电池片组成。

（2）光伏组件尺寸

光伏组件常见面积为 1.63 m^2（0.992 m×1.640 m）和 1.94 m^2（0.992 m×1.956 m）。光伏组件的尺寸是安装时要考虑的重要因素。

（3）光伏组件重量

常见的多晶硅光伏组件的重量在 12 kg 左右。

3. 光伏组件的温度额定值参数

（1）额定温度

电池额定工作温度条件（Nominal Operating Cell Temperature，NOCT）指当光伏组件处于开路状态，并在以下具有代表性的条件下所达到的温度。

- 光伏组件表面光强：800 W/m^2。
- 环境温度：20℃。
- 风速：1 m/s。
- 电负荷：无（开路）。
- 倾角：与水平面成 45°。
- 支架结构：背面无建筑物（自然通风）。

（2）功率温度系数

光伏组件的输出功率随温度的变化率，单位为%/K，一般为负值。

（3）电压温度系数

光伏组件的输出电压随温度的变化率，单位为%/K，一般为负值。

（4）电流温度系数

光伏组件的输出电流随温度的变化率，单位为%/K，一般为正值。

2.1.3 光伏组件的应用

1. 光伏组件的电气连接

当每个光伏组件性能一致时，多个光伏组件的串联可在不改变输出电流的情况下，使整个光伏方阵的输出电压成比例增加；光伏组件并联时，可在不改变输出电压的情况下，使整个光伏方阵的输出电流成比例增加；串并联混联时，既可增加光伏方阵的输出电压，又可增加光伏方阵的输出电流。

光伏组件电气连接要考虑的原则如下所述。

1）串联时需要工作电流相同的光伏组件，并为每个光伏组件并联旁路二极管。

2）并联时需要工作电压相同的光伏组件，并在每一条并联线路中串联防反充二极管。

3）尽量使光伏组件的连接线路最短，并用较粗的导线。

4）严格防止个别性能变坏的光伏组件混入光伏方阵。

2. 光伏方阵的分类和特点

光伏方阵的安装方式对接受太阳总辐射量有很大影响，从而影响到发电能力。光伏方阵按照安装方式的不同可以分为固定式和跟踪式两种类型。

1）固定式可分为最佳倾角固定式和固定可调式，目前应用最多的是最佳倾角固定式。最佳倾角固定式安装和固定可调式安装如图2-3和图2-4所示。

图2-3　最佳倾角固定式安装

图2-4　固定可调式安装

2）跟踪式可分为单轴跟踪和双轴跟踪两种类型。单轴跟踪主要跟踪方位角，分为水平轴跟踪和斜单轴跟踪。双轴跟踪主要跟踪方位角和高度角，接受太阳辐射效果最好。其中跟踪式安装中，斜单轴跟踪式应用最多。水平轴跟踪系统、斜单轴跟踪系统和双轴跟踪系统的安装效果如图 2-5～图 2-7 所示。

图 2-5　水平轴跟踪系统

图 2-6　斜单轴跟踪系统

图 2-7　双轴跟踪系统

2.1.4　光伏组件的配置选型

1. 光伏组件选型

（1）光伏组件选型的基本依据

为了使光伏组件工作在最大功率点，要求接入同一台并网逆变器的光伏组件的规格类型、串联数量基本一致，并且要求光伏组件安装在同一倾斜面上。

需考虑光伏组件的额定电压和开路电压的温度系数，串联后光伏方阵的峰值电压应在逆变器的 MPPT 范围内，开路电压应低于逆变器输入电压的最大值。

（2）光伏电站常用的光伏组件规格

光伏电站一般常用的是 60 片串光伏组件和 72 片串光伏组件，如图 2-8 所示。

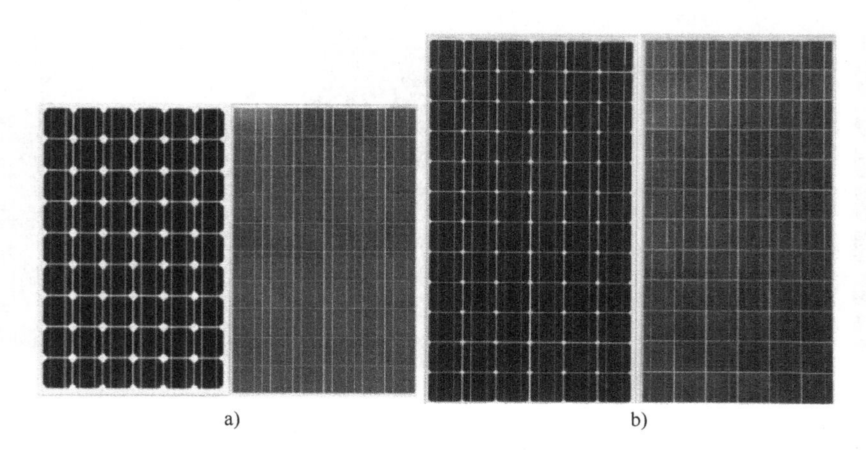

a)　　b)

图 2-8　常用光伏组件规格

a）60 片串光伏组件　b）72 片串光伏组件

60 片串光伏组件分为多晶硅光伏组件和单晶硅光伏组件。其中多晶硅光伏组件的功率多为 260 W、265 W、270 W 和 275 W；单晶硅光伏组件的功率多为 300 W、290 W、285 W 和 280 W。

72 片串光伏组件分为多晶硅光伏组件和单晶硅光伏组件。其中多晶硅光伏组件的功率多为 330 W、325 W、320 W 和 315 W；单晶硅光伏组件的功率多为 360 W、355 W、350 W 和 345 W。

还有部分非常规光伏组件如图 2-9 所示。例如，40 片单晶硅光伏组件工作电压为20 V，96 片单晶硅光伏组件工作电压为 48 V，54 片单晶硅光伏组件工作电压为 27 V。

2. 影响光伏组件输出特性的主要因素

（1）负载阻抗

当负载阻抗与光伏组件的输出特性匹配得很好时，光伏组件就可以输出最高功率，产生最大效率。负载阻抗增大，光伏组件输出电流减小，输出功率变小；负载阻抗减小，光伏组件输出电流增大，输出功率同样会变小。

（2）日照强度

日照强度与太阳能电池片的发电电流成正比，日照强度在 100～1000 W/m^{2}范围内变化时，电流始终随日照强度的增长而线性增长；而日照强度对电压的影响很小，在温度

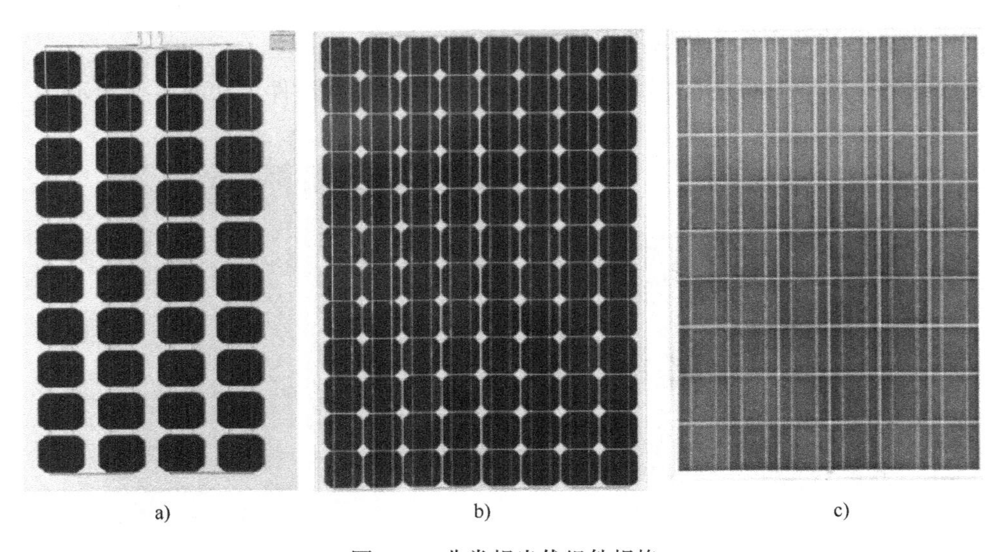

a) b) c)

图 2-9 非常规光伏组件规格

a）40 片单晶硅光伏组件 b）96 片单晶硅光伏组件 c）54 片多晶硅光伏组件

固定的条件下，当日照强度在 400～1000 W/m^{2}范围内变化时，光伏组件的开路电压基本保持不变。所以，光伏组件的输出功率与日照强度基本保持成正比。

（3）光伏组件温度

光伏组件的温度越高，其工作效率就越低。随着光伏组件温度的升高，其输出电压将下降：在 20～100℃范围，光伏组件温度每升高 1℃，每个太阳能电池片的输出电压大约减小 5 mV；随温度的升高，输出电流略有上升。总的来说，光伏组件温度升高，其输出功率下降：光伏组件温度每升高 1℃，输出功率减少 0.35%。

（4）热斑效应

在光伏组件中，如有阴影（树叶、鸟粪等）遮挡了光伏组件的某一部分，或光伏组件内部某一太阳能电池片损坏时，这些被遮挡和损坏的太阳能电池片将被当作负载，消耗其他有光照的光伏组件所产生的能量，不仅消耗功率还会发热，这就是热斑效应。这种效应能严重的破坏光伏组件，特别是在高电压大电流的光伏阵列中，热斑效应会造成电池片破裂、焊带脱落、封装材料烧毁甚至引起火灾。光伏组件串并联回路受遮挡示意图如图 2-10 所示。

总之，热斑效应会使光伏组件的输出功率明显降低。虽然接线盒安装了二极管来减少其影响，但如果低估其影响，光伏发电系统的性能和投资收效都将大大降低。

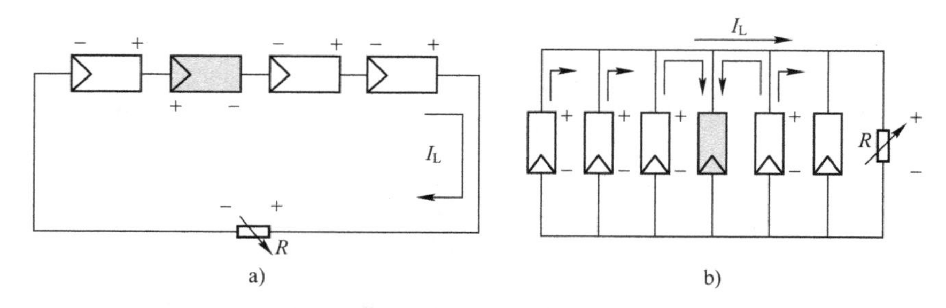

图 2-10　光伏组件串并联回路受遮挡示意图

a）串联回路组件受遮挡示意图　b）并联回路组件受遮挡示意图

2.2　直、交流光伏汇流箱

2.2.1　光伏直流汇流箱

1. 光伏直流汇流箱的功能

在光伏电站中，为了减少光伏组件与逆变器之间的连接线，将相同功率等级的光伏组件串联，组成光伏串列，然后将若干光伏串列并联接入光伏直流汇流箱，经过保险汇流后，通过光伏专用直流断路器输出，接入直流配电柜和光伏逆变器，进而逆变输出并网发电。

光伏直流汇流箱功能的发展经历了三个阶段：从开始只具有汇流、防雷的功能；到可以监控每一路光伏方阵的电流和电压；再到可以进行汇流箱失效报警、数据采集、无线数据传输、检测汇流箱内的温度和湿度等，并将实时数据通过监控系统传送至光伏电站运维中心。

2. 光伏直流汇流箱的分类

根据输入到光伏直流汇流箱的光伏组串的路数可以将光伏直流汇流箱分为 4 路、8 路、10 路、12 路、16 路等几种类型。按智能化程度又可分为普通汇流箱和监控汇流箱两种类型。光伏直流汇流箱的外观如图 2-11 所示。

3. 光伏直流汇流箱的组成和结构

光伏直流汇流箱主要由箱体、断路器、熔断器、防雷器和监控等组成。其中断路器应为直流断路器；熔断器俗称熔丝，由熔断器和熔断体组合而成；监控主要由检测单元和主控板组成；防雷器也叫浪涌保护器，是一种为各种电子设备、仪器仪表、通信线路

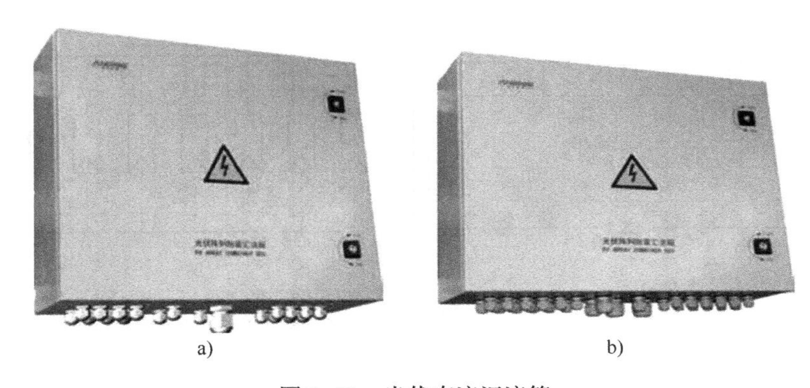

a)　　b)

图 2-11　光伏直流汇流箱

a）八进一出光伏直流汇流箱　b）十六进一出光伏直流汇流箱

提供安全防护的电子装置。智能型光伏直流汇流箱的内部结构如图 2-12 所示。

图 2-12　智能型光伏直流汇流箱的内部结构图

4. 光伏直流汇流箱的电气连接

以智能型光伏直流汇流箱为例，除了提供汇流防雷功能外，还具备监测光伏组串的运行状态，检测光伏组串汇流后电流、电压、防雷器状态、箱体内温度状态等信息。另外光伏直流汇流箱还标配有通信接口，可以把测量和采集到的数据上传到监控系统。智能型光伏直流汇流箱的电气连接图如图 2-13 所示。

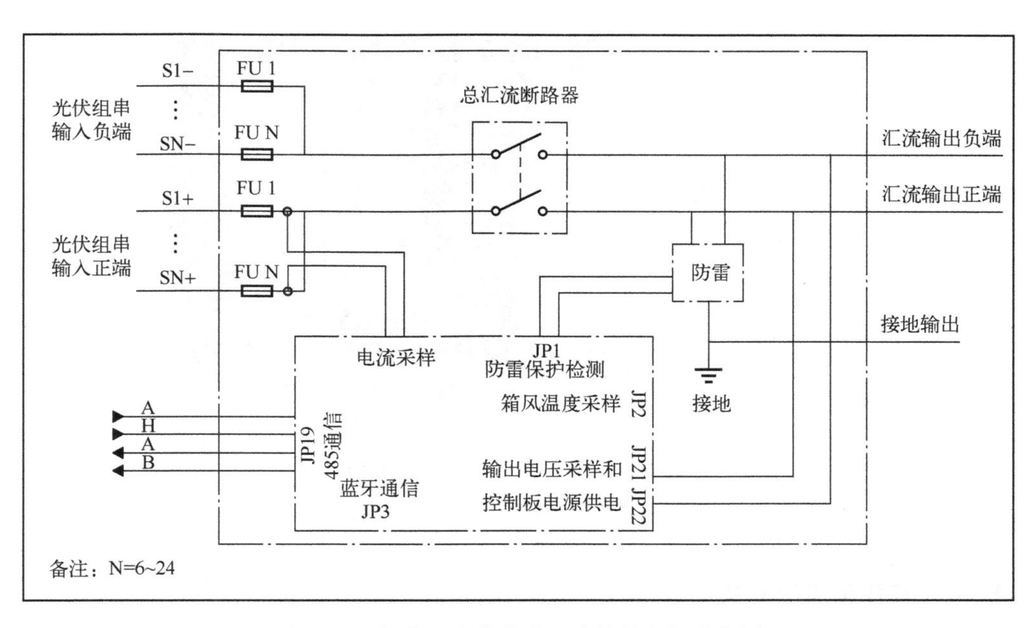

图 2-13　智能型光伏直流汇流箱的电气连接图

2.2.2　光伏交流汇流箱

1. 光伏交流汇流箱的功能与作用

光伏交流汇流箱安装于逆变器交流输出侧和并网点/负载之间，内部配置有输入断路器、输出断路器、交流防雷器，可选配智能监控仪表（监测系统电压、电流、功率、电能等信号）。交流汇流箱大多适用于光伏组串式发电系统。它的主要作用是汇流多个逆变器的输出电流，同时保护逆变器免受来自交流并网点/负载的危害，作为逆变器输出断开点，它可以提高系统的安全性，保护安装维护人员的安全。

2. 光伏交流汇流箱的结构

以某型号 4 汇 1 的交流汇流箱（400 V/50 kW）为例，如图 2-14 所示。

- 标号 1：逆变器输出端直接连接到该 4P 断路器上，断路器可以迅速切断故障电流。
- 标号 2：逆变器汇流之后的总塑壳断路器。
- 标号 3：当被保护电路的电流超过规定值，熔断器的熔丝熔断使电路断开，起到保护的作用，一般在防雷浪涌失效之后才会动作。
- 标号 4：浪涌保护器用于抑制瞬态过电压低于设备耐受冲击过电压，泄放电涌能量，从而保护系统电路及设备。浪涌保护器的下面一定要接地。

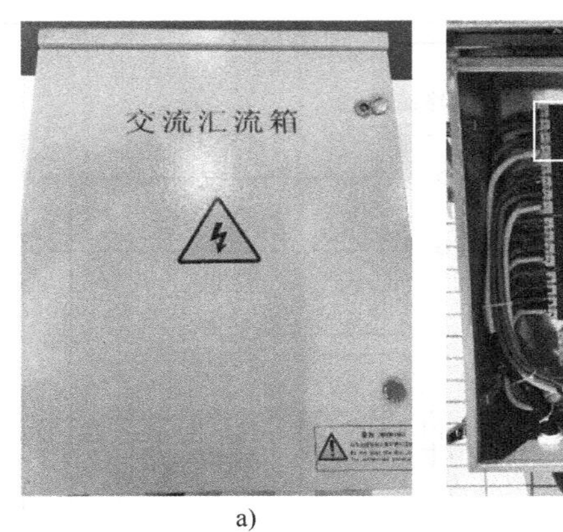

a)

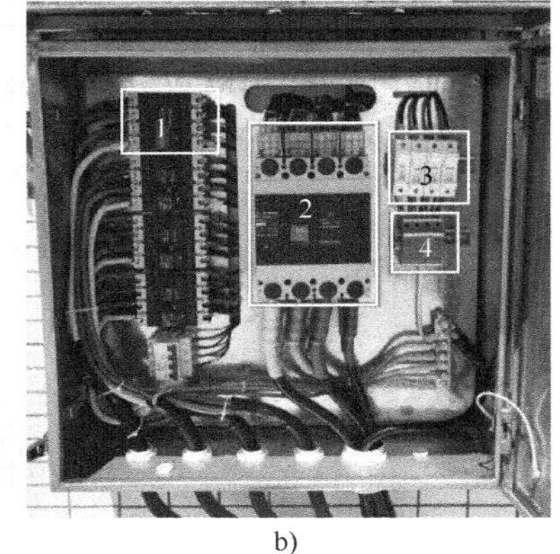

b)

图 2-14　某型号光伏交流汇流箱

a）光伏交流汇流箱外壳　b）光伏交流汇流箱内部

3. 光伏交流汇流箱的技术参数

某型号光伏交流汇流箱的技术参数见表 2-3。

表 2-3　某型号光伏交流汇流箱的技术参数

性能参数	输入电压范围（U_{ac}）/V	0~690
	最大工作电压（U_{ac}）/V	≤690
	每路最大输入电流/A	100
	并联输入路数	4
	最大输出电流/A	400
	认证情况	3C
元件参数	输入接线截面积/mm^2	ZC-YJV-0.6/1 KV 3X35
	输出电缆截面积/mm^2	ZC-YJV-0.6/1 KV 3X185
	输出连线数目	1 路输出，1 路接地
	接地线线径/mm^2	固定连接保护接地导体大于 10（铜）
外观信息	外壳信息	1.5 厚镀锌钢板
	防护等级	IP65
环境要求	储存环境温度要求/℃	-40~+70
	使用环境温度要求/℃	-25~+50
	海拔/m	≤2000

4. 光伏交流汇流箱的接线原理图

交流汇流箱允许 N 路交流输入，经汇流后将防雷接地端与汇流排进行可靠连接，连接导线应尽可能短直，同时经断路器接交流输出。

某型号光伏交流汇流箱的接线原理图如图 2-15 所示。

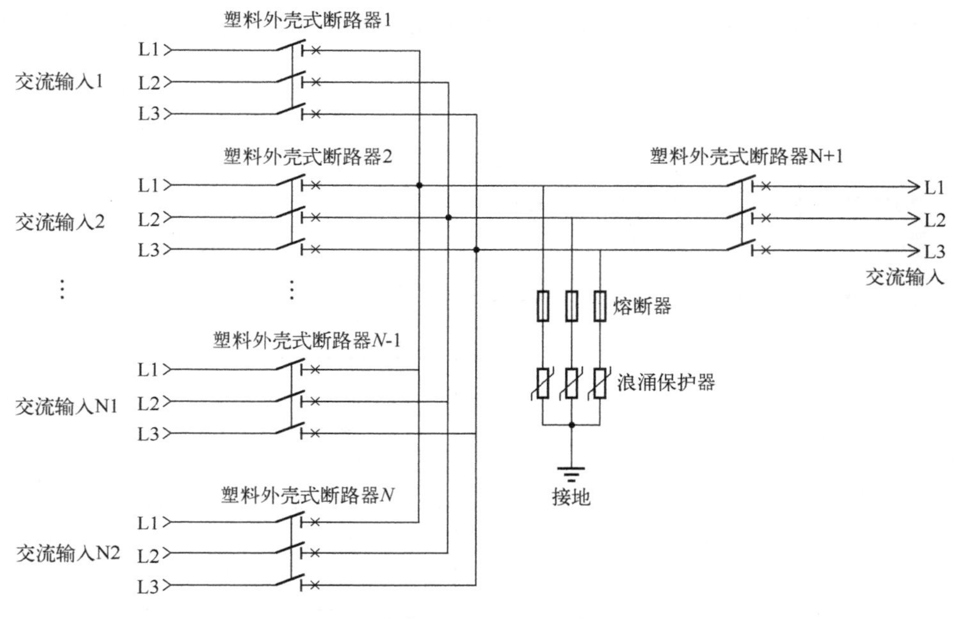

图 2-15　光伏交流汇流箱的接线原理图

2.3　直、交流配电柜

2.3.1　直流配电柜

1. 直流配电柜的定义和功能

直流配电柜将光伏直流汇流箱输出的直流电流进行二次汇流并输入并网逆变器，提供防雷及过电流保护、监测光伏阵列的单串电流、电压及防雷器状态、短路器状态。以某型号直流配电柜为例，直流配电柜的具体功能如下所述。

1）为逆变器提供不同等级的直流输入电流。

2）提供直流输入的电压、电流指示。

3）提供分路通、断状态指示。

4）具有防逆流、过电流保护功能。

5）提供防雷器失效报警功能。

2. 直流配电柜的外观和电气连接

以某型号直流配电柜为例，直流配电柜的外观和电气连接如图 2-16 所示。该直流配电柜将光伏组串经汇流箱输出后接入直流配电单元，再经控制和保护装置接入逆变器。

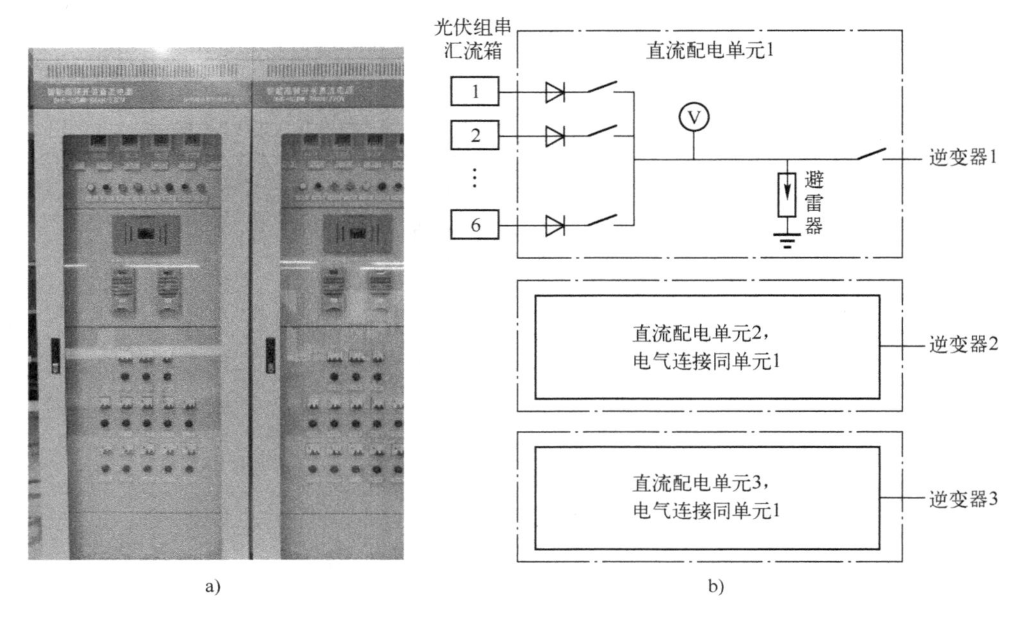

图 2-16　直流配电柜的外观和电气连接图

a）直流配电柜的外观　b）直流配电柜的电气连接图

2.3.2　交流配电柜

光伏电站交流配电柜是用来接收和分配交流电能的电力设备。它主要由控制电器（断路器、隔离开关、负荷开关等）、保护电器（熔断器、继电器、避雷器等）、测量电器（电流互感器、电压互感器、电压表、电流表、电度表、功率因数表等）等组成。其主要功能是进行短路、过电流、计量和防雷保护等。

交流配电柜按照设备所处场所不同，可分为户内配电柜和户外配电柜；按照电压等级不同，可分为高压配电柜和低压配电柜；按照结构形式不同，可分为装配式配电柜和成套式配电柜。

1. 交流配电柜的外观和电气连接

以某型号交流配电柜为例，交流配电柜的外观和电气连接如图 2-17 所示。该交流配电柜将从逆变器输出的交流电经过控制、保护、测量输出至交流电网。

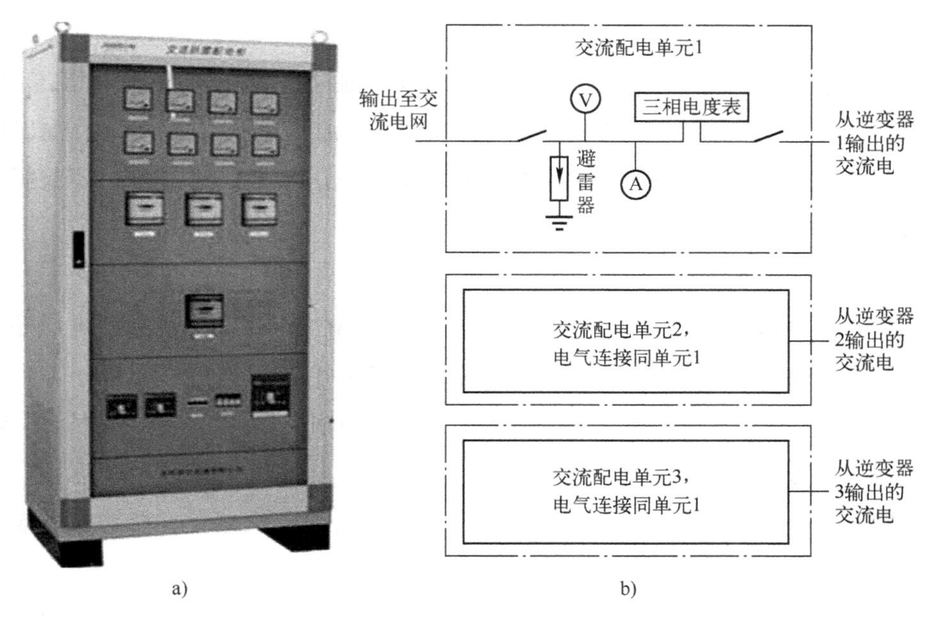

图 2-17　交流配电柜的外观和电气连接图

a）交流配电柜的外观　b）交流配电柜的电气连接图

2. 交流配电柜的技术性能要求

交流配电柜的技术性能直接影响光伏电站运行的稳定性和安全性，下面简要介绍某型号交流配电柜的主要技术性能要求。

（1）机体和结构质量

交流配电柜的机体和结构的制造质量、主电路连接、二次线及电气元器件安装等应符合下列要求。

1）机架组装的有关零部件均应符合各自的技术要求。

2）油漆电镀应牢固、平整、无剥落、无锈蚀及无裂痕等现象。

3）机架面板应平整；文字和符号应清楚、整齐、规范、正确。

4）标牌、标志、标记应完整清晰。

5）各种开关应便于操作、灵活可靠。

（2）交流配电柜的适用形式

交流配电柜一般适用于多种汇流箱形式。

（3）交流配电柜的防护等级

交流配电柜的外壳防护等级不应低于 IP20。

（4）交流配电柜的绝缘性能

交流配电柜的输入电路对地、输出电路对地、输入对输出的绝缘电阻应不小于 20 MΩ，绝缘电阻只作为绝缘强度试验参考。交流配电柜的输入电路对地、输出电路对地、输入对输出应承受 AC 3500 V、50 Hz 的正弦交流电压 1 min，不击穿，不飞弧，漏电流小于 10 mA。

（5）电缆及接线端子

接线端子针对实际使用环境修正后的耐压不低于 AC 750 V。接线端子排与导线的连接采用螺母压接铜鼻子的连接方式，以保证导线连接的可靠性。

交直流配电柜内的电缆应采用高品质耐火、阻燃型铜芯电缆，电缆的耐压不低于 AC 750 V，正常运行温度不应低于 90℃。

电缆接头采用的材料应防潮、防晒、耐火、抗紫外线、抗老化，能够在极端室外环境下长期可靠运行。

（6）主要电器元件的温升

在额定运行条件下时，交流配电柜各部件的温升应不超过规定的极限温升。

2.4 逆变器

2.4.1 逆变器的组成和分类

1. 逆变器的组成

逆变是与整流相反的过程，是将直流电能变换成交流电能的过程。光伏逆变器是指完成逆变功能的电路或实现逆变过程的装置。

逆变器的主要组成部分有外壳及端子、散热器、显示屏、控制板、电源板和功率板。外壳及端子用于接线盒防护；散热器用于逆变器的系统散热；显示屏用于显示逆变器的状态及数据；电源板用于逆变器内部供电；控制板是逆变器的核心部件，用于逆变器的功率控制和各种算法控制；功率板也是逆变器的核心部件，主要电路都集中在功率板上。

2. 逆变器的分类

- 按逆变器功能分为并网逆变器和离网逆变器。
- 按逆变器输出交流电能的频率分为工频逆变器（频率为 50～60 Hz）、中频逆变器（频率为 400 Hz～20 kHz）和高频逆变器（频率为 20 kHz～10 MHz）。
- 按逆变器输出的相数分为单相逆变器、三相逆变器和多相逆变器。

● 按光伏组件接入情况分为集中式逆变器、组串式逆变器和微型（组件式）逆变器。这三种逆变器的比较见表 2-4。

表 2-4　三种逆变器的比较

	集中式逆变器	组串式逆变器	微型逆变器
定义	将多路光伏组串构成的方阵集中接入到一台大型逆变器中	基于模块化的概念，将光伏方阵中每个光伏组串输入到一台逆变器中，多个光伏组串和逆变器又模块化地组合在一起	每一块光伏组件都对应一个微型逆变器，具有独立逆变功能和 MPPT 功能，可以直接固定在光伏组件的背后
优点	1. 功率大，数量少，便于管理；元器件少，稳定性好，便于维护 2. 谐波含量少，电能质量高；保护功能齐全，安全性高 3. 有功率因素调节功能和低电压穿越功能，电网调节性好	1. 不受光伏组串间模块差异和阴影遮挡的影响，减少光伏组件最佳工作点与逆变器不匹配的情况，最大程度增加了发电量 2. MPPT 电压范围宽，光伏组件配置更加灵活；在阴雨天，雾气多的部区，发电时间长 3. 体积较小，占地面积小，无须专用机房，安装灵活；自耗电低、故障影响小	1. 发电量最大化 2. 调整每一排光伏组件的电压和电流，直至全部取得平衡，以免系统出现失配 3. 每一模块都具备监控功能，降低系统的维护成本，操作更加稳定可靠 4. 没有高压直流电，安全性更高，安装简单、快捷，维护方便，对安装服务商依赖性减少，使太阳能发电系统能由用户 DIY 5. 成本与集中式逆变器相比成本相当，甚至更低
缺点	1. MPPT 电压范围较窄，不能监控到每一路光伏组件的运行情况，因此不可能使每一路光伏组件都处于最佳工作点，光伏组件配置不灵活 2. 占地面积大，需要专用的机房，安装不灵活 3. 自身耗电以及机房通风散热耗电量大	1. 功率器件电气间隙小，不适合高海拔地区；元器件较多，集成在一起，稳定性稍差 2. 户外型安装，风吹日晒很容易导致外壳和散热片老化 3. 数量多，总故障率会升高，系统监控难度大	1. 相同装机容量，数量较多 2. 安全性、稳定性以及高发电量等特性还需要经历工程项目的检验

3. 逆变器的接入方式

集中式逆变器的功率器件一般采用大电流绝缘栅型晶体管（Insulated Gate Bipolar Transistor，IGBT），系统拓扑结构采用 DC-AC 一级电力电子器件进行全桥逆变，一般体积较大，采用室内立式安装。组串式逆变器的功率开关管一般采用 MOSFET，拓扑结构采用 DC-DC-BOOST 升压和 DC-AC 全桥逆变两级电力电子器件变换，一般体积较小，可室外臂挂式安装。微型逆变器的功率开关管一般采用 MOSFET，拓扑结构采用 DC-AC-BOOST 升压和 AC-DC 整流后，再经 DC-AC 全桥逆变形成交流电，一般体积较小，可室外悬挂式安装。集中式与组串式逆变器的接入方式如图 2-18 所示。

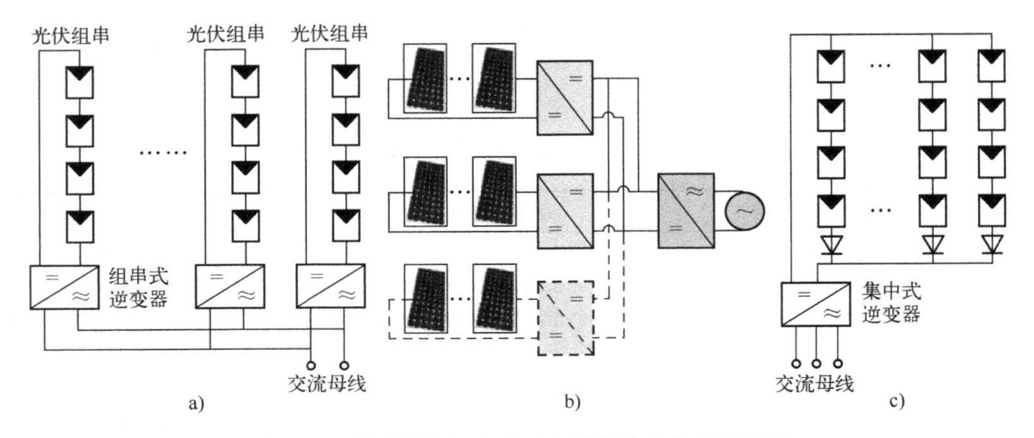

图 2-18　集中式与组串式逆变器的接入方式示意图

a）单组串式逆变器　b）多组串式逆变器　c）集中式逆变器

2.4.2　逆变器的主要技术参数

1. 直流输入侧技术参数

（1）最大允许接入光伏组串功率

最大允许接入光伏组串功率为逆变器允许的最大直流接入的光伏组串功率。

（2）额定直流功率

额定直流功率根据额定的交流输出功率除以转化效率，再加上一定的裕量得出。

（3）最大直流电压

在考虑温度系数的前提下，接入的光伏组串的最大电压要小于逆变器的最大直流输入电压。

（4）MPPT 电压范围

考虑温度系数的光伏组串 MPPT 电压要在逆变器 MPPT 跟踪范围之内。更宽的 MPPT 电压范围能够实现更多发电。

（5）启动电压

当超过启动电压阈值时，逆变器开始启动，当低于启动电压阈值时，逆变器关闭。

（6）最大直流电流

选择逆变器时，要着重考虑最大直流电流参数，尤其是当接入薄膜光伏组件时，要保证每路 MPPT 接入的光伏组串电流小于逆变器的最大直流电流。

（7）输入路数和 MPPT 路数

逆变器的输入路数是指有几路直流输入，而 MPPT 路数是指有几路最大功率点跟踪，逆变器的输入路数并不等于MPPT的路数。假如逆变器有6路直流输入，其中每三个逆变器的输入作为一路MPPT输入。1路MPPT下的几路光伏组串输入需要相等，不同路MPPT下的光伏组串输入可以不相等。

2. 交流输出侧技术参数

（1）最大交流功率

最大交流功率是指逆变器所能发出的最大功率。一般说来，逆变器的命名是根据交流输出功率来命名的，但也有根据直流输入的额定功率来命名。

（2）最大交流电流

最大交流电流是指逆变量所能发出的最大电流，其直接决定了线缆的截面积，配电设备的参数规格。一般来说断路器的规格要选到最大交流电流的1.25倍。

（3）额定输出

额定输出有频率输出和电压输出两种。在国内，频率输出一般为工频50 Hz，正常工作条件下偏差应该在±1%以内。电压输出有230 V、400 V、480 V等多种。

（4）功率因数

在交流电路中，电压与电流之间的相位差（Φ）的余弦叫作功率因数，用符号$\cos\Phi$表示。在数值上，功率因数是有功功率和视在功率的比值，即$\cos\Phi=P/S$。白炽灯泡、电阻炉等电阻负载的功率因数为1，电感性负载的电路功率因数都小于1。

3. 效率

逆变器常用的效率有4种：最大效率、欧洲效率、MPPT效率和整机效率。

- 最大效率是指逆变器在瞬时的最大转换效率。
- 欧洲效率是根据欧洲的光照条件，在不同的直流输入功率点，如5%、10%、15%、25%、30%、50%、100%，得出的不同功率点的权值，用来估算逆变器的总体效率。
- MPPT效率是指逆变器最大功率点跟踪的精度。
- 整机效率是指在某个直流电压下欧洲效率和MPPT效率的乘积。

4. 功能保护参数

（1）孤岛保护

电网失压时，光伏发电系统仍然保持对失压电网的某一部分线路继续供电的状况，所谓孤岛保护就是要防止这种非计划性的孤岛效应发生，确保电网操作人员、用户的人身安全，并减少配电设备及负载故障的发生。

（2）输入过电压保护

输入过电压保护，即当直流输入侧电压高于逆变器允许的直流方阵接入电压最大值时，逆变器不得启动或停机。

（3）输出侧过电压/欠电压保护

输出侧过电压/欠电压保护即当逆变器输出侧电压高于逆变器允许的输出电压最高值或者低于逆变器允许的输出电压最低值时，逆变器要启动保护状态。逆变器交流侧异常电压响应时间要符合并网标准的具体规定。

5. 标准

中华人民共和国能源行业标准 NB/T 32004－2018 规定了光伏逆变器的类型、使用、安装和运输条件，规定了光伏逆变器的试验和检测方法。在逆变器生产和设计、检测过程中，需严格按照此标准执行。

6. 常规

（1）尺寸、重量和安装方式

逆变器还需要标注其尺寸、重量和安装方式。其中体积小、重量轻、安装方式简单的逆变器运输方便，减少了在运输过程中机器损坏的风险，减少了安装的人力和物力。

（2）环境温度范围

环境的温度范围体现了逆变器耐受低温和高温的能力，决定了逆变器的寿命。

（3）防护等级

逆变器要满足一定的 IP 防护等级来保证安全，一般其防护等级可达到 IP65。

（4）冷却方式

逆变器的冷却方式有风冷和自然冷却两种。

2.4.3 逆变器的典型应用

1. 荒漠电站

目前大型地面并网光伏电站如荒漠电站中所使用的逆变器一般为集中式逆变器，在全球 5 MW 以上的光伏电站中，其选用比例超过 98%。集中式逆变器一般采用四柜体结构，即直流柜、逆变柜、控制柜和交流输出柜，集中式逆变器柜体结构和应用现场图如图 2-19 所示。

集中式逆变器在荒漠电站中的应用有以下几方面的优势。

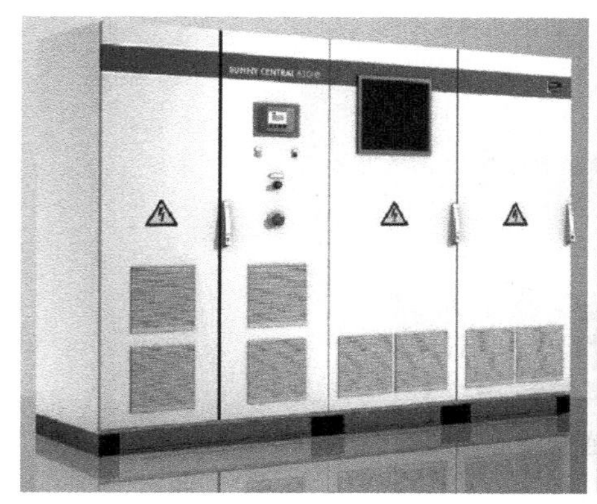

图 2-19　集中式逆变器柜体结构和应用现场图

1）价格更低。集中式逆变器的方案较组串式逆变器的方案在初投资上成本更低。

2）发电量与组串式逆变器基本持平。荒漠电站中集中式和组串式逆变器的发电量基本持平，综合集中式逆变器在最高效率和过载能力等方面有优势，集中式逆变器的发电量略高于组串式逆变器。少数光伏电站出现的早晚前后排光伏组件之间的遮挡问题，组串式逆变器也无法克服，需要通过优化光伏组件布局进行规避。

3）光伏电站的运维更方便、更经济。组串式逆变器是整机维护，而集中式逆变器是器件维护，设备维护成本上，集中式逆变器的优势非常明显。同时，在百兆瓦级大规模光伏电站中对完全分散的组串式逆变器进行更换，维护人员花在路途上的时间远高于进行设备更换的时间。

4）更加符合电网接入要求。高压输电网对并网的光伏电站在调度响应、故障穿越、谐波限制、功率变化率、紧急启停等方面都有严格要求。集中式逆变器在电站中台数少，单机功能强大，通信控制简单，故障期间能够穿越故障的概率远大于组串式逆变器。

2. 山丘电站

山丘电站一般是多路 MPPT 模式的集中式逆变器。例如，每路 MPPT 跟踪 100 多 kW 组件，可以将同一朝向组件的占地面积缩小，这样会大大提升施工的便利性并有效解决朝向和遮挡问题，同时共交流母线输出，具备集中式逆变器电网友好性的特点，可以实现发电量和投资维护成本的较好比例。

如果所选的山丘电站地形非常复杂，实现 100 多 kW 组件同一朝向铺设施工难度很大，可以考虑组串式逆变器作为补充。组串式逆变器应用现场如图 2-20 所示。

图 2-20　组串式逆变器应用现场

2.5　变压器

2.5.1　变压器的分类和主要参数

1. 变压器的分类

光伏电站升压变压器是将逆变器输出的交流电的电压等级提升到并网点处的电压等级的一种设备。

变压器的分类见表 2-5。大型地面并网光伏电站中用的较多的双分裂升压变压器属于三绕组变压器，而主变压器则属于油浸式变压器。

表 2-5　变压器的分类

分类标准	分　类
按相数分	1. 单相变压器：用于单相交流电路中隔离、电压等级的变换、阻抗变换、相位变换和三相变压器组 2. 三相变压器：用于三相输配电系统中变换电压和传输电能
按冷却方式分	1. 干式变压器：依靠空气对流进行自然冷却或增加风机冷却，多用于安全防火要求较高的场合，如高层建筑、高速收费站点用电及局部照明、电子线路等小容量变压器 2. 油浸式变压器：常用于大、中型变压器，依靠油作冷却介质、如油浸自冷、油浸风冷、油浸水冷、强迫油循环等
按用途分	1. 电力变压器：用于电力系统传输电能 2. 仪用变压器：它的二次电压或电流用于测量仪表和继电保护的装置，使二次设备与高压隔离，保证设备和人身安全，如电压互感器、电流互感器 3. 试验变压器：能产生高压，对电气设备进行高压试验 4. 特种变压器：其材质、作用和用途有别于常规变压器，如电炉变压器、整流变压器、调整变压器、电容式变压器，以及移相变压器等
按绕组形式分	1. 双绕组变压器：用于连接电力系统中的两个电压等级 2. 三绕组变压器：每相有三个绕组，一般用于电力系统区域变电站中，连接三个电压等级 3. 自耦变电器：一次绕组和二次绕组有公共绕组，常用于连接两个电压等级相近的电力系统。也可做为普通的升压或降后的变压器用
按铁心形式分	1. 芯式变压器：其铁心大部分在线圈之中，用于大、中型变压器、高压的电力变压器 2. 壳式变压器：其铁心的轭包围住线圈，用于小型变压器、大电流的特殊变压器，如电炉变压器、电焊变压器；或用于电子仪器及电视、收音机等的电源变压器

2. 变压器的主要技术参数

变压器的主要技术参数一般都标注在变压器的铭牌上。主要包括额定容量、额定电压及其分接、额定频率、绕组联结以及额定性能数据（阻抗电压、空载电流、空载损耗和负载损耗总重等）。其主要技术参数见表2-6。

表2-6 变压器的主要技术参数

技术参数	技术参数描述
额定容量/kVA	变压器在铭牌规定条件下，在额定电压、额定电流下连续运行时，能输送的容量
额定电压/kV	变压器长时间运行时所能承受的工作电压。为适应电网电压变化的需要，变压器高压侧都有分接抽头，通过调整高压绕组匝数来调节低压侧输出电压
额定电流/A	变压器在额定容量、额定电压下，允许长期通过的电流
空载损耗/kW	当在变压器的一个绕组施加额定电压，其余绕组开路时所吸取的有功功率。其与铁心硅钢片性能、制造工艺、施加的电压有关
空载电流/%	当变压器在额定电压下空载运行时，一次绕组中通过的电流。一般用空载电流与额定电流的比值表示
负载损耗/kW	把变压器的二次绕组短路，在一次绕组额定分接位置上通入额定电流，此时变压器从电源吸收的有功功率
阻抗电压/%	把变压器的二次绕组短路，逐渐升高一次绕组电压，当二次绕组的短路电流达到额定值时，一次侧电压与额定电压的比值
相数和频率	三相开头以S表示，单相开头以D表示。我国国标频率为50 Hz，美国为60 Hz
温升与冷却	变压器绕组或上层油温与变压器周围环境的温度之差称为绕组或上层油面的温升。根据国家标准规定，当变压器安装地点的海拔高度不超过1000 m时，绕组温升的限值为65℃，上层油面温升的限值为55℃。冷却方式也有多种：油浸自冷、强迫风冷、水冷等
绝缘水平	变压器的绝缘水平即耐受电压值。变压器绕组额定耐受电压用字母代号表示：LI表示雷电冲击耐受电压，SI表示操作冲击耐受电压，AC表示工频耐受电压。变压器的绝缘水平是按高压、中压、低压绕组的顺序列出耐受电压值来表示的，其间用斜线分隔开

2.5.2 光伏箱变的定义、分类和特点

1. 光伏箱变的定义

光伏箱变是一种将高压开关设备、配电变压器和低压配电装置，按一定接线方式有机地组合在一起，安装在一个防潮、防锈、防尘、防鼠、防火、防盗、保温、隔热、全封闭、可移动的双层箱体内的箱式电力设备。一般大型地面并网光伏电站每兆瓦配置一台箱式升压变压器，将逆变器逆变后输出的低压交流电升压至10 kV或35 kV后进行远距离输送，这是光伏电站电能输送的一个重要环节。

2. 光伏箱变的分类

箱式变电站按照结构形式分为组合式变电站（简称美式箱变）和预装式变电站（简称欧式箱变）。

美式箱变是指将变压器及高压部分采用油箱绝缘组成、低压部分采用箱体组合形式组合而成的成套设备。它的优点是体积小、占地面积小、便于安放、便于伪装，容易与小区的环境相协调。可以缩短低压电缆的长度，降低线路损耗，还可以降低供电配套的造价。美式箱变主要由高压室、变压器室、低压室构成，并呈“品”字形排列。美式箱变的缺点是供电可靠性低；无电动机构，无法增设配电自动化装置；无电容器装置，对降低线损不利；由于不同容量箱变的土建基础不同，箱变的增容不便；当箱变过载后或用户增容时，土建要重建，会有一个较长的停电时间，增加工程的难度。

欧式箱变是将高压电器设备、变压器、低压电器设备等组合成紧凑型成套配电装置。它的优点是较美式箱变辐射要低，因为欧式箱变的变压器是放在金属的箱体内，金属箱体起到屏蔽的作用。欧式箱变的缺点是体积较大，不利于安装，对小区的环境布置有一定的影响。

基于美式和欧式箱变的上述优缺点，在大型地面并网光伏电站中多数情况下采用的是欧式箱变。欧式箱变和美式箱变的外观如图 2-21 所示。

a)　　　　　　　　b)

图 2-21　箱变外观图

a）欧式箱变　b）美式箱变

3. 光伏电站箱变的配置与特点

（1）光伏电站箱变的配置

光伏电站的箱变主要由电气量保护、非电气量保护、箱变测控装置（报警信号、开关量信号和模拟信号）和电力 UPS（光伏箱变内保护、测控装置等现场设备的供电模块）等组成。

（2）光伏电站箱变的特点

- 结构紧凑、体积小、安装方便、灵活。
- 全绝缘、全密封结构、安全可靠、免维护，可靠保护人身安全。
- 高压侧采用双熔断器保护，其中插入式熔断器熔丝为双敏熔丝（温度、电流），后备熔断器为限流熔断器，降低了运行成本。
- 高压进线采用电缆接插件结构，全绝缘、安全可靠、操作方便。
- 既可用于环网又可用于终端，转换十分方便，提高了供电的可靠性。
- 变压器为三相三柱或三相五柱结构，铁心采用阶梯接缝工艺或卷铁心工艺，噪声低、损耗低、抗短路和过载能力强。
- 采用真空干燥和真空注油的特殊工艺。
- 箱体可根据运行环境的要求采用防腐设计和特殊喷漆处理，具有“三防”功能，即防凝露、防盐雾和防霉菌的功能，并能满足高温、高湿环境下的防腐要求。

2.5.3 主升压变压器

目前用于光伏电站的主升压变压器的电压等级都是35 kV及以上，采用双绕组形式居多，多采用油浸式变压器，变压器的容量在10000 kVA以上，均采用有载调压的形式，冷却方式采用自然冷却和强迫风冷。变压器的组成由铁心、绕组、油箱、绝缘套管、冷却器、压力释放器、瓦斯继电器、有载调压装置等部件组成。主变压器的外观如图2-22所示。

图2-22　主升变压器外观图

2.6 开关柜

2.6.1 开关柜定义、分类

1. 开关柜的定义

开关柜（又称成套开关或成套配电装置）是以断路器为主的电气设备，是生产厂家根据电气一次主接线图的要求，将有关的高低压电器（包括控制电器、保护电器、测量电器）以及母线、载流导体、绝缘子等装配在封闭的或敞开的金属柜体内，在发电、输电、配电、电能转换和消耗中起通断、控制或保护等作用。它是光伏电站的主要电力控制设备，当系统正常运行时，能切断和接通线路及各种电气设备的空载和负载电流；当系统发生故障时，它能和继电保护配合，迅速切除故障电流，以防止扩大事故范围。

2. 开关柜的分类

根据开关柜工作时的电压等级可以将开关柜分为低压开关柜、中压开关柜和高压开关柜，其相应的工作电压等级见表2-7。

表2-7 开关柜的分类

序号	开关柜类型	工作电压等级
1	低压开关柜	3kV以下
2	中压开关柜	3~35kV，具体的电压等级为3kV、6kV、10kV、20kV、35kV
3	高压开关柜	35kV以上

2.6.2 开关柜的组成结构

开关柜由柜体和断路器两大部分组成，具有架空进出线、电缆进出线、母线联络等功能。

柜体由壳体、电器元件、各种机构、二次端子及连线等组成。柜体的功能单元分为主母线室、断路器室、电缆室、继电器和仪表室、柜顶小母线室和二次端子室。

柜内一次电器元件常用的有：电流互感器（简称CT）、电压互感器（简称PT）、接地开关、避雷器（阻容吸收器）、隔离开关、高压断路器、高压接触器、高压熔断器、高压带电显示器、绝缘件［如穿墙套管、触头盒、绝缘子、绝缘热缩（冷缩）护套］、主母线和分支母线、高压电抗器、负荷开关、高压单相并联电容器等。

柜内二次电器元件常用的有：继电器、电度表、电流表、电压表、功率表、功率因数表、频率表、熔断器、空气开关、转换开关、按钮、信号灯、微机综合保护装置等。

开关柜的外观如图 2-23 所示。

图 2-23　开关柜外观图

开关柜防护要求中的“五防”是：防止误分误合断路器、防止带电分合隔离开关、防止带电合接地刀闸、防止带接地刀闸分合断路器、防止误入带电间隔。开关柜具有一定的操作程序及机械或电气联锁机构。实践证明，无“五防”功能或“五防”功能不全是造成电力事故的主要原因。

2.7　静止无功发生器

2.7.1　静止无功发生器的定义与组成结构

1. 静止无功发生器的定义

静止无功发生器（Static Var Generator，SVG）属于柔性交流输电系统中的电压稳定及无功补偿装置，也可用于输电系统的潮流控制。SVG 是指采用全控型电力电子器件组成的桥式电路，经过电抗器并联在电网上，通过调节桥式电路交流侧输出电压的幅值和相位或者直接控制其交流侧电流，就可以使该电路吸收或者发出满足要求的无功电流来进行动态无功补偿的装置。其外观图如 2-24 所示。

图 2-24　SVG 外观图

SVG 以大功率三相电压型逆变器为核心，接入系统后，与系统侧电压保持同频、同相，通过调节逆变器输出电压幅值与系统电压幅值的关系来确定输出功率的性质，当其幅值大于系统侧电压幅值时提供容性无功，反之，则提供感性无功。SVG 与传统的以晶闸管控制电抗器（Thysistor Controlled Reactor，TCR）为代表的静止无功补偿器（Static Var Compensator，SVC）相比，SVG 的调节速度更快，运行范围宽，而且在采取多重化或脉宽调制（Pulse Width Modulation，PWM）技术等措施后可大大减少补偿电流中谐波的含量，且 SVG 使用的电抗器和电容元件远比 SVC 中使用的要小，这将大大缩小装置的体积和成本。鉴于上述优越性能，SVG 将是今后动态无功补偿装置的重要发展方向。

2. 静止无功发生器的组成结构

SVG 系统主要由控制柜、启动柜、功率柜、连接电抗器、耦合变压器等组成。

（1）控制柜

控制柜主要由主控制器、脉冲分配单元、触摸屏、通信管理机、PLC 等组成，用来实现 SVG 的实时控制，监控系统的运行状态、实时计算电网所需的无功功率，实现动态跟踪和补偿，与上位机及控制中心进行通信等。

（2）起动柜

起动柜结构简单，主要由并网真空开关、充电电阻等器件构成。当主回路断路器合闸后，系统电压通过充电电阻对功率模块的直流支撑电容进行充电，充电电阻能避免电流过大导致 IGBT 模块或直流支撑电容损坏。当充电完毕后，控制系统闭合并网真空开关。

（3）功率柜

功率柜主要由功率模块组成，是 SVG 的主体。SVG 采用级联 H 桥多电平结构，每相包含多台由大功率 IGBT 模块构成的功率模块，符合国际技术发展趋势。

（4）连接电抗器

连接电抗器用于连接 SVG 与电网，实现能量的缓冲，减少 SVG 输出电流中的开关波纹，降低共模干扰。

（5）耦合变压器

耦合变压器将电网电压变为适合功率柜工作的电压，实现高压与低压的电气隔离，增加系统的可靠性。

2.7.2 静止无功发生器的功能

1. 提高供电系统的稳定性

SVG 在正常运行状态下补偿线路的无功功率，在系统故障情况下进行及时的、快速的无功调节，提高输电系统的稳定性。

2. 维持负荷端电压

对于大负荷中心而言，由于负荷容量大，如果没有大型的无功电源支撑，容易造成电网电压偏低甚至发生电压崩溃的事故。SVG 快速调节无功功率，维持负荷侧电压，使用电设备在额定电压下运行。

3. 无功功率动态补偿

配电系统中的大部分负荷，在运行中表现为感性，需要消耗大量的无功功率，同时，供电网络中的变压器、线路阻抗等也会消耗一定的无功功率，增加了配电系统中的电能损失，降低了电压质量，导致系统功率因数降低。SVG 可以跟随负荷无功功率的变化，实现动态补偿，提高功率因数，减少供电线路的能量损耗和电压降落，提高电压质量，同时减少了电费支出，节省了生产成本，提高了发、输、供电设备的利用率。

4. 抑制电压波动和闪变

非线性负荷，高容量、大电流的设备负荷的变化会导致负荷电流产生对应的剧烈波动，从而使电压损耗快速变化，引起电压波动和闪变，不能满足用户对电能质量的要求。SVG 能够快速地提供变化的无功电流，以补偿负荷变化引起的电压波动和闪变。

5. 抑制三相电压不平衡

三相不平衡负载，输配电设备中不平衡的三相阻抗会导致三相电压不平衡。SVG 能够快速地补偿负序电流，始终保证进入电网的三相电流平衡，大大提高供用电的电能质量。

思考与练习

1. 光伏组件的分类与特点是什么？
2. 光伏组件的电气参数主要有哪些？
3. 光伏组件如何应用和配置选型？
4. 光伏直流汇流箱的功能是什么？
5. 直流配电柜的具体功能是什么？内部构成是怎样的？
6. 交流配电柜的具体功能是什么？内部构成是怎样的？
7. 什么是逆变器？逆变器有哪几种典型的应用？
8. 什么是升压变压器？变压器的主要参数是什么？
9. 什么是光伏箱变？有哪些类型？
10. 什么是开关柜？它的组成结构是什么？
11. 静止无功发生器包括了哪几个部分？各个部分的作用是什么？

第3章　光伏电站的运维管理

截至2020年初，我国光伏装机容量已经累计达到200多GW，背后孕育着超大规模的光伏电站运维市场。光伏电站运维以光伏电站系统安全为基础，通过定期与不定期的设备巡检与定检，合理对电站进行管理，保障整个电站的安全稳定运行和投资收益率。运维贯穿着电站25年的生命周期，为其良好的发电效率保驾护航，对整个行业发展的重要性不言而喻。

本章节介绍了光伏电站生产管理、安全管理等运行管理的主要内容，重点介绍了光伏电站的日巡检、周巡检、月巡检的具体内容和执行标准，以及光伏电站主要设备的定检内容和工作标准，为光伏电站的安全、稳定、经济、高效运行提供可借鉴的技术保障。

教学导航

知识重点	1. 光伏电站的生产管理 2. 光伏电站的安全管理 3. 光伏电站的日巡检、周巡检、月巡检内容和执行标准 4. 光伏电站电气设备（光伏组件、光伏阵列与支架、汇流箱、逆变器、配电柜、变压器、高压开关柜、SVG、架空线路与电缆等）的定检内容和工作标准
知识难点	光伏组件、汇流箱、逆变器、配电柜、变压器和SVG等主要电气设备的定检与巡检操作
推荐教学方式	现场讲授、分组教学、角色扮演、演示操作、任务驱动
建议学时	16学时
推荐学习方法	小组协作、分组演练、问题探究、实践操作
必须掌握的理论知识	1. 光伏电站生产与安全管理的主要内容 2. 光伏组件、汇流箱、逆变器、配电柜、变压器和SVG等电气设备定检与巡检的具体内容和工作标准
必须掌握的技能	1. 光伏组件、汇流箱、逆变器、配电柜、变压器和SVG等电气设备的定检与巡检操作 2. 牢固树立光伏电站各种运维操作的安全规范意识

3.1 光伏电站的运行管理

3.1.1 光伏电站生产管理

1. 工作票管理

工作票管理应遵循《电业生产安全工作规程》（发电厂和变电站电气部分）（以下简称“安全规程”）中的有关规定。工作票使用前必须统一格式、按顺序编号，一个年度之内不能有重复编号。工作票原则上应在工作开始前一天送达光伏电站值班室。工作票填写应字迹工整、清楚，不得任意涂改。针对复杂作业，还需要根据本次作业内容和现场实际，编制相应的危险点分析及控制单，与工作票一起送到光伏电站值班室。运维人员接到工作票后，应根据工作任务和现场设备实际运行情况，认真审核工作票上所填安全措施是否正确、完善并符合现场条件，如不合格应退回工作负责人。运维人员审核工作票合格后，核实现场情况，在已采取的安全措施栏内填写现场已拉开的开关、刀闸和装设的地线等，并在“工作地点临近带电设备”和“补充安全措施”栏内填写相应内容，经核对无误后，方能办理工作许可手续。

2. 操作票管理

操作票用于光伏电站设备操作的任何环节。操作指令需明确，工作人员应核实功能位置、隔离边界、操作指令和风险点后按照操作票逐条进行操作，严禁口头约定时间停电、送电。除事故处理、拉合断路器的单一操作、拉开接地刀闸或全场仅有的一组接地线外的倒闸操作，均应使用操作票。事故处理的善后操作应使用操作票。操作票使用前应统一编号，光伏电站在一个年度内不得使用重复号，操作票应按编号顺序使用。操作票应根据值班调度员（或值班负责人）下达的操作命令填写，必须使用双重名称（设备名称和编号），同时录音，光伏电站要由有接令权的值班人员受令，认真进行复诵，并将接受的操作命令及时记录在运行日志中。

3. 倒闸操作管理

电气设备分为运行、热备用、冷备用和检修四种状态。倒闸操作是指将电气设备从一种工作状态转换到另一种工作状态所进行的一系列操作。如将设备从运行状态转换为检修状态所要进行的拉开断路器、拉开隔离开关、验电和接地等一系列工作均称为倒闸操作。

倒闸操作必须由经过培训和考试合格并经有关部门批准的值班人员担任。倒闸操作必须由两人执行，即监护人和操作人，其中对设备熟悉者作为监护人。监护人不可代替操作人操作，必须认真负责，始终进行监护。操作人必须树立高度的责任感和牢固的安全意识，在执行任务时保持精力集中。单人值班的地方倒闸操作可由一人执行。特别重要和复杂的倒闸操作应由熟练的值班人员操作，值班长或值班负责人监护。一个操作任务在执行过程中，不得更换监护人和操作人。只有在结束一个操作任务后才能换人。

4. 交接班管理

值班人员必须按照公司规定的轮值表值班，特殊情况下经过光伏电站站长批准可变更交接班时间。遇到处理事故或进行重要操作时不得进行交接班，接班人员应在交班班组值班长的指挥下协助工作。事故处理或重大操作告一段落时经双方值班长协商同意后可进行交接班。系统或主设备运行不正常时，应经值班长或站长同意可交接班。电站交班班组应对电站信息、调度计划、备件使用情况、工具借用情况、钥匙使用情况、异常情况等信息进行全面交接，保证接班班组获得电站的全面信息；接班班组应与交班班组核对所有电站信息的真实与准确性，接班班组值班长确认信息全面且无误后，与交班班组值班长共同在交接班记录表上签字确认，完成交接班工作。

5. 巡检管理

巡回检查应按时、按路线、按规程的检查项目进行，任何人不得随意更改巡视路线。每天接班以后，值班负责人应根据当日的工作情况，合理安排设备巡视人员。巡视检查设备时要精力集中，应做到慢走、细看、认真听、巡视要到位。对检修过的设备、存在缺陷的设备应重点巡视。巡视人员应根据实际情况详细填写巡视记录。对巡回检查发现的设备缺陷应进行复核、判断，在不违反规程的情况下消除缺陷，发现紧急、重大缺陷应立即汇报并做好有关记录。巡视人员巡视设备时，应检查安全工器具和消防器具，如发现有超期和损坏现象，应及时进行更换和维护。站长应定期跟班巡回检查并监督巡视质量。定期对设备的运行情况调查分析，针对设备的运行情况，制定防范措施。巡视设备时不得打开遮拦或进行其他工作，进出升压站以及高压室的门要关好。每日每班对电站进行一次夜巡，夜巡应同时试验事故照明是否完好。恶劣天气应根据实际情况适当增加巡视次数。

6. 设备定期检查管理

设备定期检查是光伏电站及时发现设备缺陷、掌握设备运行状况、消除隐患、确保安全运行的一项重要措施。检查人员应按规定时间、规定的检查路线进行检查，不得漏查设备，必须保证检查到位，检查时间间隔不应超过规定时间。检查时应注意安全，不准攀登电气设备，不准移开或进入遮栏，不准触动操作机构和易造成误动的运行设备。雷雨天气检查室外高压设备时，应穿绝缘靴，不得靠近避雷器和避雷针。在进行定期检查时，对设备的正常运行参数、报警参数和跳闸参数应做到心中有数，发现设备异常时要及时汇报，并采取安全有效的防止事故发生的临时措施。设备定检应做到“四到”，即：看到、听到、摸到、嗅到；检查人员要携带手电筒、测温仪等必要的检查工具。在对设备进行检查时，还应对光伏电站生产、生活设施及防火工作进行检查。

7. 调度联系管理制度

电网调度是指电网调度机构（以下简称调度机构）为保障电网的安全、优质、经济运行，对电网运行进行的组织、指挥、指导和协调。光伏电站必须按照调度机构下达的调度计划和规定的电压范围运行，并根据调度指令调整功率和电压。发电、供电设备的检修，应当服从调度机构的统一安排。

值班人员在接到值班调度的命令后应重复命令，核对无误后方可执行。接受命令以及与值班调度员的谈话应全部录音，并对值班调度员的调度命令做书面记录（加减出力和调整电压命令除外）。值班人员接受调度命令后应迅速执行，不得延误，并及时向调度机构如实汇报执行情况。如果认为该命令不正确时，应向值班调度员报告，由值班调度员决定原调度命令是否执行。但当执行该项命令将威胁人身、设备安全或直接造成停电事故（事故处理要求停电者除外）时，则必须拒绝执行，并将拒绝执行命令的理由立即报告值班调度员和本单位直接领导人，并做好记录。值班人员如无故拖延执行调度的命令，则未执行命令的值班人员和允许不执行该命令的领导均应负责。

8. 运行分析管理制度

运行分析工作主要是指对设备运行操作的情况、人员执行规章制度的情况、气象环境等进行分析，摸索规律；找出薄弱环节，及时发现问题，掌握运行规律，有针对性地制定保证运行安全的措施；开展事故防止，不断提高发电系统安全、经济、高效的运行水平，提高人员的管理水平。运行分析的内容包括：建立原始数据统计及台账，实行安全生产运营指标的定额管理，建立生产运营指标分析资料、横向与纵向对比台账和指标考核体系。该管理制度为设备维护、试验、技术革新、技术改造、优化设备运行方式、经济调度等提供数据支持。

9. 设备缺陷管理制度

设备缺陷管理应全面掌握设备健康情况，负责对公司缺陷管理工作的监督与考核。光伏电站站长每月应对设备消缺情况进行一次检查，及时了解、掌握设备缺陷及对运行的影响情况，年底进行全面检查；认真负责制订并实施各类缺陷消缺计划；按规定期限及时组织运维人员或配合检修部门消除各类缺陷；对设备消缺验收质量负责。

各运维班组应认真执行定期巡视制度及有关设备运行规程，及时发现和掌握所有运行设备的各类缺陷；在日常运行维护中，发现设备存在小的缺陷和故障时，应积极主动去处理、解决，使之尽快恢复正常运行，同时上报有关部门；对于值班人员一时难以解决的缺陷、故障，应及时上报有关部门，按有关程序督促尽快处理；在缺陷处理过程中，值班人员应积极参与、配合检修单位工作；在缺陷消除以前，应加强监视，检查缺陷是否有发展和恶化趋势。

电站的检修维护委托给其他具有相关资质的单位实施的，应在外委合同中要求检修部门接到检修通知单后，积极做好检修准备工作，与现场运行值班人员一起分析缺陷、故障原因及处理办法，以最快的速度完成检修任务；对计划内的定期检修任务，应安排好检修计划，按期完成检修任务，并对检修质量负责。

10. 中控室值班管理

值班人员应着工作服装上岗，服装整齐，佩戴工作牌。值班人员应在电站设备运行前 10 min 到达中控室，做好设备运行一切准备，并实时监控设备运行状况。值班人员必须严格执行电站相关规定，对一切违反规章制度的命令、指示，值班人员有权拒绝执行，并向上一级领导汇报。电话联系工作时，应先报单位名称和姓名，有关操作的命令必须复诵，核对无误后再执行，操作后立即汇报并记录，通话时需使用调度术语。按相关要求，实时填写运行日志，运行日志应保证干净整洁，不得代填、补填。值班人员不得擅自离岗，若有紧急事宜需请其他值班人员代值，中控室内不得无人值守。用餐、午休时间，中控室至少要留有一人职守，各值班人员可根据实际情况进行轮流用餐、休息，中控室内不得用餐、睡觉。值班人员应在后台监控实时检查全站设备运行情况，至少每小时进行一次查看。值班人员按规定每日做好各类报表，按规定时间及时上报，并做好书面资料、电子文档的保存，归档工作。

11. 文档与信息管理

从目前光伏电站运行管理工作的实际经验来看，要保证光伏电站安全、经济、高效运行，必须建立规范、有效的运行管理制度来加强光伏电站运行方面的管理。

（1）建立完善的技术文件管理

对每个光伏电站都要建立全面完整的技术文件资料档案，并设专人负责管理，为电站的安全可靠运行提供强有力的技术基础数据支持。

（2）建立光伏电站的基本技术档案

光伏电站的基本技术档案资料主要包括：电站所在地的相关信息，即气象地理资料、用电户数、公共设施、交通状况等；电站本身的相关信息，即电站建设规模、建设时间、通电时间、设计建设单位、设计和施工图纸、竣工图纸、验收文件，电站设备的工作原理、电气接线图、技术参数、设备安装规程、设备调试及检修步骤，所有操作开关、旋钮、手柄以及状态和信号指示灯的说明，设备运行的操作步骤、电站运维的项目及操作规程，电站故障排除工作手册等。

（3）建立电站运行期档案

这项工作是分析电站运行状况和制定维护方案的重要依据之一，主要包括负载情况、累计发电量日常维护保养、定检巡检、故障检修与排除多方面的各种记录、报告、报表等。主要内容有：日期、负载情况、累计发电量、记录时间、天气状况、环境温度，子方阵电流、电压，逆变器直流输入电流、电压，交流配电柜输出电流、电压及发电量，记录人等。当电站出现故障时，电站操作人员要详细记录故障现象，并协助维修人员进行维修工作，故障排除后要认真填写《电站故障维护记录表》，主要内容有：出现故障的设备名称、故障现象描述、故障发生时间、故障处理方法、零部件更换记录、维修人员及维修时间等。电站巡检工作应由专业技术人员定期进行，全面检查电站各设备的运行情况和运行现状，测量相关参数，并仔细查看电站操作人员的日维护、月维护记录情况，对记录数据进行分析，及时指导操作人员对电站进行必要的维护工作，同时还应整理运维工作中发现的其他问题，对本次运行状况进行综合分析评价，最后对电站运维工作做出详细的总结报告。

12. 人员培训管理

培训工作主要是针对两类人员进行，一类是对专业技术人员，另一类是光伏电站操作人员。

（1）专业技术人员的培训管理

针对运行维护管理工作中存在的重点和难点问题，不定期地组织专业技术人员进行各种专题的内部培训工作，或将专业技术人员送出去进行系统的相关知识培训，提高专业技术人员的专业知识和专业技能；建立专业技术人员参与培训管理的档案，详细记录参与培训人员的相关信息，包括培训时间、培训方式、培训内容、培训效果和培训总结等，不断提高专业技术人员的培训管理水平。

（2）光伏电站操作人员的培训管理

光伏电站操作人员通常是当地选聘的，由于当地人员文化水平参差不齐，因此培训工作需要从最基础的电工基础知识讲起，并进行光伏电站运行维护的理论知识培训、实践操作培训、特种作业操作培训等。经过培训后，使其了解和掌握光伏电站的基本工作原理和各设备的功能，并能按要求进行光伏电站的日常维护工作，具备判断及排除一般故障的能力。

（3）定期开展运维人员的交流会议

依据电站运行期的档案资料，组织相关部门和技术人员定期对电站运行状况进行分析和交流，及时发现存在的问题，提出切实可行的解决方案。通过定期开展运维人员交流会议，可更好地提高技术人员的业务能力及电站的可靠运行水平。

3.1.2 光伏电站安全管理

1. 安全生产目标管理

坚持“安全第一、预防为主、综合治理”的方针，牢固树立以人为本、安全发展的理念，制定完善的安全生产标准和制度规范，严格落实安全生产责任制，实现公司安全管理的规范化。加强安全培训，强化安全意识，加大安全投人，提高专业技术水平，深化隐患排查治理，改进现场作业条件，追求最大限度不发生各类事故，实现电站安全生产的总体目标是防止发生对人身、设备、资产造成较大损失的各类事故。

2. 安全生产责任制管理

严格落实安全生产责任制，各光伏电站要按照各相关部门和各生产岗位的安全职责，具体落实各岗位人员的年度安全工作任务和控制目标。安全工作任务要具体、可操作。安全控制目标应该可控制、可评价。光伏电站各关键岗位人员要层层签订年度安全目标责任书，安全工作质量和控制目标完成情况要与年度绩效考核挂钩。

3. 安全教育培训管理

新进职工必须经过公司、所在部门和班组的三级安全教育，并经相关考试合格后方可进入生产现场工作或实习。广泛开展安全生产、安全施工宣传教育活动。每年年初应组织职工进行光伏电站有关安全生产规程、施工管理规定及本电站安全规章制度的学习。建立健全的三级安全教育管理工作，认真做好对新职工三级安全教育工作，对变换工作、请假离场后复工的职工及违章者进行有针对性的安全教育，不断强化职工的安全意识。在生产过程中，电站会定期召开生产例会，进行安全生产学习培训与考核，重点学习有关安全生产法规、电站规章、安全规程、运行检修规程，研究解决安全生产的问题，布置落实安全生产的整改措施。

4. 安全生产检查管理

光伏电站成立安全生产检查小组，由值班长及其相关值班人员组成，站长任组长。开展安全生产检查应根据电力生产规律、生产实际需要和季节性特点组织进行。

安全生产检查必须贯彻“边查边改”的原则，对有条件整改的项目应及时抓紧整改；对暂时没有条件整改的问题，也应制订整改计划，并做到定措施、定时间、定责任人。

安全生产检查包括交接班检查，当值班组周检查、电站月度检查，运维管理部门不定期抽查；另外每年组织春、秋季两次季节性检查和春节等重大节日检查。

5. 光伏电站事故定性规范管理

按国务院颁发的《公司员工伤亡事故报告和处理规定》及国务院归口管理部门现行的有关规定，在电力生产中构成的人身伤亡事故，根据伤害的严重程度分为特大人身事故、重大人身事故和一般人身事故。

电力企业发生设备、设施、施工机械、运输工具损坏，造成直接经济损失超过规定数额的，为电力生产设备事故。根据事故性质的严重程度及经济损失的大小，分为特大设备事故、重大设备事故和一般设备事故。

6. 事故调查、处理、统计报告制度管理

光伏电站发生人身事故或设备事故，应立即用电话、电传等方式向公司和本单位所在地的政府安全主管部门、公安部门、工会报告。按照光伏电站事故定性规范，执行相关规定进行调查组织。报告撰写人应根据事故发生期间的有关运行数据、运行记录、检修记录、当事人报告、现场的有关影像记录等，对数据进行初步分析，根据事故等级进一步开展调查分析，完成事故报告审核、签发、整改。

通过对事故的调查分析和统计，总结经验教训，研究事故规律，开展反事故斗争，促进电力生产全过程安全管理，并通过反馈事故信息，为光伏电站的规划、设计、施工安装、调试运行、检修以及设备制造质量的可靠性等多方面提供依据。

7. 消防安全管理制度管理

为了规范光伏电站的消防安全管理，预防和减少火灾事故的发生，有效保证光伏电站安全稳定的运行，每个光伏电站都应建立消防队。一般光伏电站站长为消防第一负责人，负责贯彻、执行消防管理制度和上级有关消防安全工作的指示，切实将防火安全工作纳入生产、行政管理计划，做到同计划、同布置、同总结、同评价，布置和组织防火宣传教育，普及消防知识，积极组织扑救火灾、火警事故，并协助有关部门查明

原因。

8. 安全设施管理

电站消防水系统、消防沙箱、灭火器、设备绝缘垫、警示牌等均属于电站安全设施，需要定期保养、维护、更换并及时记录。电站安全设施的设置（设备和道路划线等)、安全标识规格的设置、巡检路线的设置、工作人员的行为规范等均应符合安全标准化要求。

9. 灾害预防管理

灾害预防工作包含灾害历史数据分析、灾害分级及响应流程、组建运作机构、防灾制度建立、防灾风险与经济评估、防灾措施建立、防灾物资和车辆准备等。

10. 应急响应管理

应急准备阶段需建立应急响应组织，该组织机构需包含应急总指挥、电站应急指挥、应急指挥助理、通信员和应急值班人员。应急准备期间的工作包含应急流程体系建设、汇报制度建立、应急预案的编写、突发事件处置流程的建立、通信录与应急信息渠道的建立、应急设施设备器材文件的管理与定期检查、应急演习的策划组织与评价、应急费用的划拨、新闻发言人及新闻危机事件应急管理制度的建设等；实施阶段包含应急状态的启动、响应、行动和终止等内容；应急事件后的评价包含损失统计、保险索赔、事故处理、电站恢复等。

3.2 光伏电站的巡检维护

3.2.1 光伏电站的日巡检

1. 光伏电站日巡检工作标准

光伏电站的日巡检工作标准见表3-1。

2. 光伏电站日巡检工作记录表

光伏电站的日巡检工作记录表见表3-2。

表 3-1　光伏电站日巡检工作标准

序号	巡视设备	巡 检 内 容	巡 检 标 准	备注
1	直流系统	① 直流柜馈线开关指示灯指示是否正确，状态是否正确，是否有损坏现象	直流柜馈线开关指示灯指示正确，状态正确，无损坏现象	
		② 直流柜测量表计显示是否正确，有无损坏现象	直流柜测量表计显示正确，无损坏现象	
		③ 直流柜绝缘监察装置工作是否正常，有无故障报警	直流柜绝缘监察装置工作正常，无故障报警	
		④ 指示灯、电压表显示是否正常，有无损坏	指示灯、电压表显示正常，无损坏	
		⑤ 充电器风扇有无异音	充电器风扇无异音	
		⑥ 设备标志是否齐全、正确	设备标志齐全、正确	
2	继保装置	① 指示灯指示是否正常、亮度是否正常	指示灯指示正常、亮度正常	
		② 指示仪表指示是否正确	指示仪表指示正确	
		③ 控制开关、压板位置是否正确	控制开关、压板位置正确	
		④ 有无异常报警	无异常报警	
3	故障录波器	① 屏内打印机色带及纸张是否充足	屏内打印机色带及纸张充足	
		② 有无异常报警	无异常报警	
4	测控装置	① 有无异常报警	无异常报警	
		② GPS 时钟显示是否正确	GPS 时钟显示正确	
		③ 电源指示是否正常	电源指示正常	
5	电能量计量系统	① 电能表显示是否正常，有无报警	电能表显示正常，无报警	
		② 核对电量报表中的电量数据是否正确	电量报表中的电量数据正确，误差在规定范围之内	
6	远动设备	远动机运行是否正常，通信是否正常	远动机运行正常，通信正常	
7	升压站户外端子箱	① 柜内卫生是否清洁，有无杂物	柜内卫生清洁，无杂物	
		② 设备元件标示是否清晰，有无损坏现象	设备元件标示清晰，无损坏现象	
		③ 柜体密封是否良好，柜内有无凝露、进水现象	柜体密封良好，柜内无凝露、进水现象	
8	户外断路器	① 设备本体有无悬挂物	设备本体无悬挂物	
		② 断路器本体内部有无异音	断路器本体内部无异音	
		③ 引线有无放电现象	引线无放电现象	
		④ 机构箱内部有无灰尘及杂物，密封是否良好	机构箱内部无灰尘及杂物，密封良好	
		⑤ SF6 气体压力	SF6 气体压力在 0.35~0.65 MPa	
		⑥ 断路器一次设备载流导体元件接头、引线等设备温度测试	用红外热像仪测量，与历次测量数据进行比较，无明显或局部过热现象	

（续）

序号	巡视设备	巡检内容	巡检标准	备注
9	主变压器	① 储油柜外观是否完好	储油柜外观完好	
		② 法兰、管路有无渗漏	法兰、管路无渗漏	
		③ 油位计、油位表是否完好，显示是否清晰，油位是否正常	油位计、油位表完好，显示清晰，油位在厂家规定范围内	
		④ 瓦斯继电器外观是否完好，本体、法兰有无渗漏	瓦斯继电器外观完好，本体、法兰无渗漏	
		⑤ 法兰、蝶阀有无渗漏	法兰、蝶阀无渗漏	
		⑥ 吸湿器玻璃筒是否完好，硅胶有无变色，油碗内的密封油位是否正常	吸湿器玻璃筒完好，硅胶无变色，油碗内的密封油位正常	
		⑦ 变压器本体声音是否异常	变压器本体声音无异常，正常运行的变压器发出的是均匀的“嗡嗡”声	
10	隔离开关	① 隔离开关瓷瓶外表面有无锈蚀、变形	隔离开关瓷瓶外表面无锈蚀、变形	
		② 接地刀闸与隔离开关机械闭锁是否可靠	接地刀闸与隔离开关机械闭锁可靠	
		③ 控制箱密封是否良好	控制箱密封良好	
		④ 隔离开关一次设备载流导体元件接头、触头、引线等设备温度测试	用红外热像仪测量，与历次测量数据进行比较，无明显或局部过热现象	
11	电流互感器	① 电流互感器有无渗漏油现象	电流互感器无渗漏油现象	
		② 瓷瓶是否完好，有无放电现象	瓷瓶完好，无放电现象	
		③ 油位是否在油表上下限刻度之内	油位在油表上下限刻度之内	
		④ 电流互感器自身温度是否过热	用红外热像仪测量，与历次测量数据进行比较，无明显或局部过热现象	
12	电压互感器	① 本体有无渗漏	本体无渗漏	
		② 瓷瓶有无裂纹、有无放电现象	瓷瓶无裂纹、无放电现象	
		③ 油位是否在油表上下限刻度之内	油位在油表上下限刻度之内	
		④ 一次引线接头、瓷套表面、二次端子箱等部位温度测试	用红外热像仪测量，与历次测量数据进行比较，无明显或局部过热现象	
13	高压开关柜	① 开关位置指示与开关状态是否一致，储能机构状态是否正确	开关位置指示与开关状态一致，储能机构状态正确	
		② 正常运行时高压带电显示三相指示灯是否亮	正常运行时高压带电显示三相指示灯亮	
		③ 二次控制柜标示牌是否齐全、正确	二次控制柜标示牌齐全、正确	
		④ 母线电压表显示与额定电压是否一致	母线电压表显示与额定电压一致	
14	低压配电柜	① 母线电压、电流表是否完整，指示是否正确	母线电压、电流表完整，指示正确	
		② 一次保险无熔断，保险座有无损坏	一次保险无熔断，保险座无损坏	
		③ 检查开关分、合位置指示是否正确	开关分、合位置指示正确	
		④ 红、绿灯指示是否正确	红、绿灯指示正确	
		⑤ 开关有无异音、异味	开关无异音，无异味	
		⑥ 合闸操作手柄是否完整，位置指示是否正确	合闸操作手柄完整，位置指示正确	
		⑦ 面板按钮齐全，红、绿灯指示是否正确	面板按钮齐全，红、绿灯指示正确	
15	SVG	① 冷却系统自启动是否正常	冷却系统启动正常	
		② 控制系统参数设置是否正确	控制系统参数设置正确	

表 3-2　光伏电站日巡检工作记录表

年　月　日

序号	巡视设备	巡视结果	巡视人	巡视时间	验收人	备注
1	直流系统					
2	继保装置					
3	故障录波器					
4	测控装置					
5	电能量计量系统					
6	远动设备					
7	升压站户外端子箱					
8	户外断路器					
9	主变压器					
10	隔离开关					
11	电流互感器					
12	电压互感器					
13	高压开关柜					
14	低压配电柜					
15	SVG					

3.2.2　光伏电站的周巡检

1. 光伏电站周巡检工作标准

光伏电站的周巡检工作标准见表 3-3。

表 3-3　光伏电站的周巡检工作标准

序号	巡视设备	巡 检 内 容	巡 检 标 准	备注
1	继保装置	① 空气开关位置是否正确，熔断器有无熔断	空气开关位置正确，熔断器无熔断	
		② 继电器有无抖动、发热现象	继电器无抖动、发热现象	
		③ 端子排有无损坏、发热，二次线有无脱落	端子排无损坏、发热，二次线无脱落	
		④ 标识是否完好，字体是否清晰	标识完好，字体清晰	
		⑤ 电缆有无破损、发热，电缆孔封堵是否完好	电缆无破损、发热，电缆孔封堵完好	

（续）

序号	巡视设备	巡 检 内 容	巡 检 标 准	备注
2	故障录波器	① 有无死机现象	无死机现象	
		② 键盘、鼠标操作是否灵敏	键盘、鼠标操作灵敏	
		③ GPS 时钟显示是否正确	GPS 时钟显示正确	
		④ 故障录波器前置机通信指示灯显示是否正常	故障录波器前置机通信指示灯显示正常	
		⑤ 有无故障报警	无故障报警	
		⑥ 故障录波器屏内打印机色带及纸张是否充足	故障录波器屏内打印机色带及纸张充足	
3	逆变器	① 逆变器是否有损坏或变形	逆变器无损坏或变形	
		② 运行是否有异常声音	运行无异常声音	
		③ 外壳发热是否在正常范围内	外壳发热在正常范围内	
		④ 液晶屏检查：内部通信是否正常；逆变器和 PC 通信是否正常；输出功率和工作状态是否正常；直流电压、电流是否正常；发电量曲线图是否正常；三相线电压、电流显示是否正常	内部通信正常；逆变器和 PC 通信正常；输出功率和工作状态正常；直流电压、电流正常；发电量曲线图正常；三相线电压、电流显示正常	
4	主变压器	① 有载分接开关机构箱外观是否完好，位置指示是否正确	有载分接开关机构箱外观完好，位置指示正确	
		② 引线与套管导电杆连接是否紧固，接头外观是否完好，有无放电现象	引线与套管导电杆连接紧固，接头外观完好，无放电现象	
		③ 蝶阀是否均在打开位置	蝶阀均在打开位置	
5	箱变	① 箱变是否运行正常	正常运行的变压器，发出的是均匀的“嗡嗡”声	
		② 箱变本体、法兰、管路有无渗漏	本体、法兰、管路无渗漏	
		③ 油位计、油位表是否完好，油位是否正常	油位计、油位表完好，油位在厂家规定范围内	
		④ 瓦斯继电器外观是否完好，本体、法兰有无渗漏	瓦斯继电器外观完好，本体、法兰无渗漏	
		⑤ 压力释放器外观是否完好，本体、法兰有无渗漏	压力释放器外观完好，本体、法兰无渗漏	
		⑥ 吸湿器玻璃筒是否完好，硅胶有无变色	吸湿器玻璃筒完好，硅胶无变色	
		⑦ 母线及电缆接头有无过热、变色现象	母线及电缆接头无过热、变色现象	
6	户外断路器	空压机或液压泵有无渗漏现象	空压机或液压泵无渗漏现象	

2. 光伏电站周巡检工作记录表

光伏电站的周巡检工作记录表见表 3-4。

表 3-4　光伏电站周巡检工作记录表

年　月　日

序号	巡视设备	巡视结果	巡视人	巡视时间	验收人	备注
1	继保装置					
2	故障录波器					
3	逆变器					
4	主变压器					
5	箱变					
6	户外断路器					

3.2.3　光伏电站的月巡检

1. 光伏电站月巡检工作标准

光伏电站月巡检工作标准如表 3-5 所示。

表 3-5　光伏电站月巡检工作标准

序号	巡视设备	巡 检 内 容	巡 检 标 准	备注
1	站用变压器	① 变压器上方有无漏水，外壳有无变形，声音有无异常	变压器上方无漏水，外壳无变形，声音无异常	
		② 将风扇手动开启，检查风扇运行是否良好，声音是否正常	将风扇手动开启，检查风扇运行良好，声音正常	
2	直埋电缆	① 直埋电缆路面是否正常，有无挖掘现象	路面正常，无挖掘现象	
		② 线路标桩是否完整无缺	线路标桩完整无缺	
3	组件	① 光伏组件是否存在玻璃破碎、背板灼焦、明显的颜色变化	光伏组件不存在玻璃破碎、背板灼焦、明显的颜色变化	
		② 光伏组件是否存在与光伏组件边缘或任何电路之间形成连通通道的气泡	光伏组件不存在与组件边缘或任何电路之间形成连通通道的气泡	
		③ 光伏组件是否存在接线盒变形、扭曲、开裂或烧毁、接线端子没有良好连接的现象	光伏组件不存在接线盒变形、扭曲、开裂或烧毁的现象，接线端子良好连接	
		④ 光伏组件表面是否有鸟粪、灰尘	电站配备可伸缩铲，对光伏组件表面的鸟粪应及时铲掉，无明显的灰尘	
		⑤ 园区内有无杂草、泥沙遮挡光伏组件	电站配备镰刀、铁锹，巡检发现类似问题及时处理	

（续）

序号	巡视设备	巡 检 内 容	巡 检 标 准	备注
4	支架	支架的所有螺栓、焊缝和支架连接是否牢固可靠，表面的防腐涂层是否出现开裂和脱落现象	支架的所有螺栓、焊缝和支架连接应牢固可靠，表面的防腐涂层没有出现开裂和脱落现象	
5	汇流箱	① 直流汇流箱是否存在变形、锈蚀、漏水、积灰现象	直流汇流箱不存在变形、锈蚀、漏水、积灰现象	
		② 箱体外表面的安全警示标识是否完整无破损	箱体外表面的安全警示标识完整无破损	
		③ 直流汇流箱内各个接线端子是否出现松动、锈蚀现象	直流汇流箱内各个接线端子没出现松动、锈蚀现象	
		④ 直流汇流箱内的高压直流熔丝是否熔断	直流汇流箱内的高压直流熔丝完好、无熔断	
6	围栏	电站光伏矩阵围栏是否有倒塌、破损现象	电站光伏矩阵围栏没有倒塌、破损现象	

2. 光伏电站月巡检工作记录表

光伏电站月巡检工作记录表见表 3-6。

表 3-6　光伏电站月巡检工作记录表

年　月　日

序号	巡视设备	巡视结果	巡视人	巡视时间	验收人	备注
1	站用变压器					
2	直埋电缆					
3	组件					
4	支架					
5	汇流箱					
6	围栏					

3.2.4　光伏电站的维护

1. 光伏电站维护工作标准

光伏电站维护工作标准见表 3-7。

表 3-7　光伏电站维护工作标准

序号	维 护 设 备	维 护 内 容	维 护 标 准	备　注
1	光伏组件	光伏组件除尘	清洁干净，无积灰	维护周期为 1 个月
2	逆变器	逆变器除尘	逆变器停电，用吹风机吹扫干净	维护周期为 4 个月

（续）

序号	维护设备	维护内容	维护标准	备注
3	箱变	箱变除尘	箱变停电，用吹风机吹扫干净	维护周期为4个月
4	主变压器	用钳形电流表测铁心、接地引下线的电流	运行中接地电流一般不大于0.1A	维护周期为2个月
5	站用变压器	站用变压器除尘	站用变压器停电，用吹风机吹扫干净	维护周期为4个月
6	SVG	SVG除尘	SVG停电，电容柜、电抗器用吹风机吹扫干净	维护周期为4个月
7	继保室	环境卫生及二次设备除尘	设备不停电，用吹风机吹扫干净，严禁使用湿抹布擦拭设备	维护周期为1个月
8	各配电室	地面卫生清扫	地面清扫干净，无明显积灰	维护周期为1个月
9	各配电室设备	各配电室设备、开关除尘	设备停电，用吹风机吹扫干净	维护周期为4个月

2. 光伏电站维护工作记录表

光伏电站维护工作记录表见表3-8。

表3-8 光伏电站维护工作记录表

年 月 日

序号	维护设备	维护结果	维护人	维护时间	验收人	备注
1	光伏组件					
2	逆变器					
3	箱变					
4	主变压器					
5	站用变压器					
6	SVG					
7	继保室					
8	各配电室					
9	各配电室设备					

3.3 光伏电站的定检维护

3.3.1 光伏组件的定检

1. 光伏组件的定检

光伏组件的定检的步骤、工作标准、使用工具与方法和周期见表3-9。

表 3-9 光伏组件的定检

序号	名　称	步　骤	工 作 标 准	使用工具与方法	周期
1	U 型卡板检查	① 检查压板有无缺失	压板无缺失	观察	90 天/次
		② 检查压板有无松动	压板无松动	触摸、内六角扳手	
2	光伏组件	① 检查光伏组件钢化玻璃是否开裂破损，是否有掉落、变形、烧毁等	钢化玻璃无开裂破损，无掉落、变形、烧毁	观察	
		② 检查太阳能电池片有无破损、隐裂、热斑、变色异常等	太阳能电池片无破损、隐裂、热斑、变色异常	观察	
		③ 查看光伏组件有无气泡、EVA 脱层、水汽	光伏组件表面无气泡、EVA 脱层、水汽	观察	
		④ 查看光伏组件上的带电警告标识有无缺失	光伏组件上的带电警告标识保存完好	观察	
		⑤ 查看金属边框的光伏组件边框是否牢固接地，有无生锈、变形	光伏组件边框牢固接地，无生锈、变形	观察	
		⑥ 查看背板有无划伤、开胶、鼓包、气泡等	背板无划伤、开胶、鼓包、气泡等现象	观察	
		⑦ 检查光伏组件有无松动、脱落	光伏组件无松动、脱落	触摸、内六角扳手	
3	MC4 插头是否松动	查看连接公母头是否插紧	连接公母头紧固	内六角扳手	
4	接线盒	查看接线盒塑料有无变形、扭曲、开裂、老化及烧毁等	接线盒塑料无变形、扭曲、开裂、老化及烧毁等现象	观察万用表	
5	每次定检后当日值班人员将检查情况汇总整理后，发送至相应文件夹中		汇总至故障记录簿	中性笔	每天/次

2. 光伏组件的定检记录

光伏组件的定检记录表见表 3-10。

表 3-10 XXXX 光伏电站光伏组件定检记录

序号	检 查 区 域	检 查 项 目				备注
		U 型卡板检查	光伏组件	MC4 插头是否松动	接线盒	
1						
2						
3						
4						
…						
…						

1. 检查意见

每一项检查出现了问题都必须记录在检查记录中。

2. 其他问题

如在检查过程中出现其他问题，需要记录在检查记录中。

3. 检查结果与处理意见

检查人签字：　　　　检查日期：

3.3.2 光伏阵列与支架的定检

1. 光伏阵列、支架的定检

光伏阵列、支架的定检的步骤、工作标准、使用工具与方法和周期见表3-11。

表3-11 光伏阵列与支架的定检

序号	名称	步骤	工作标准	使用工具与方法	周期
1	光伏阵列	① 光伏方阵整体有无变形、错位、松动等现象	无变形、错位、松动等现象	观察	90天/次
		② 光伏方阵的主要受力构件、连接构件和连接螺栓有无损坏、松动，焊缝有无开焊，金属材料的防锈涂膜有无剥落、锈蚀现象	无损坏、松动、开焊、剥落、锈蚀现象	观察 活扳手、成套内六角扳手	
		③ 光伏方阵的支撑结构之间有无其他设施	无其他设施	观察	
2	支架	① 支架表面的防腐涂层是否符合设计要求，有无开裂和脱落现象	要求锌层表面应均匀，无毛刺、过烧、挂灰、伤痕、局部未镀锌（2 mm以上）等缺陷，不得有影响安装的锌瘤。螺纹的锌层应光滑，螺栓连接件应能拧入；无开裂脱落，否则应及时补刷	观察 内六角扳手、毛刷	
		② 支架与接地系统的连接是否可靠，电缆金属外皮与接地系统的连接是否可靠	两者之间的接触电阻符合规定要求，且可靠连接	万用表 绝缘电阻表	
		③ 所有螺栓、焊缝和支架连接是否牢固可靠	所有螺栓、焊缝和支架连接牢固可靠	观察电焊工具	
		④ 检查支撑光伏组件的支架构件直线度是否符合设计要求	要求弯曲矢高符合设计要求	测量	
		⑤ 混凝土支架基础有无下沉或移位，有无松动脱皮，尺寸偏差是否在允许偏差范围	无下沉或移位，无松动脱皮，尺寸偏差在允许偏差范围，基础直径偏差≤5%	测量	
3	每次定检后当日值班人员将检查情况汇总整理后，发送至相应文件夹中		汇总至故障记录簿	中性笔	每天/次

2. 光伏阵列、支架的定检记录

光伏阵列、支架的定检记录表见表3-12。

表3-12　XXXX光伏电站光伏阵列、支架的定检记录

序号	检查区域	检查项目						备注
		光伏阵列绝缘电阻测试	光伏阵列标称功率测试	基础地面有无下沉	基础有无错位歪倒	支架螺钉有无松动	支架有无变形现象	
1								
2								
3								
4								
5								
6								
7								
…								

1. 检查意见

每一项检查出现了问题都必须记录在检查记录中。

2. 其他问题

如在检查过程中出现其他问题，需要记录在检查记录中。

3. 检查结果与处理意见

检查人签字：　　　　　　　　　　　　　　　　检查日期：

3.3.3 光伏汇流箱的定检

1. 光伏直流汇流箱的定检

光伏直流汇流箱定检的步骤、工作标准、使用工具与方法和周期见表3-13。

表3-13　光伏直流汇流箱的定检

序号	名称	步骤	工作标准	使用工具与方法	周期
1	温度测量	① 在汇流箱内用测温仪对每一支路端子测温	符合正常温度范围	测温仪	5月/次 11月/次
		② 一人测，一人记录			
		③ 将每一支路保险拉开			
		④ 一人测量，一人记录数据			
2	电缆紧固	① 对保险座上下口螺栓进行紧固	用力矩扳手紧固达到标准值	十字螺钉旋具	
		② 检查汇流箱总开关上下口电缆连接处标记，如需紧固，将逆变器室内对应支路开关拉开		内六角扳手	

（续）

序号	名称	步　骤	工作标准	使用工具与方法	周期
3	电压测量	① 测量时将汇流箱内的总开关断开	符合正常温度电压范围各组串电压差小于规定范围	万用表	45天/次
		② 将每一支路保险拉开			
		③ 一人测量，一人记录数据			
4	避雷器	查看避雷器是否有变色动作	显示绿色	观察	
5	电流测量	① 现场人员读取显示装置实时电流，并与实际测量值对比看是否一致	小于规定范围	钳形电流表、对讲机	
		②中控室值班人员记录现场数据的同时，对比监控平台显示的相应支路电流并进行记录			
		③ 通过监控平台显示与现场测量数据进行对比，查看汇流箱是否正常			
6	每次定检后当日值班人员将检查情况汇总整理后，发送至相应文件夹中		汇总至故障记录簿	中性笔	每天/次

2. 光伏交流汇流箱的定检

光伏交流汇流箱定检的步骤、工作标准、使用工具与方法和周期见表3-14。

表3-14　光伏交流汇流箱的定检

序号	名　称	步　骤	工作标准	使用工具与方法	周期
1	温度测量	① 在汇流箱内用测温仪对每个逆变器对应的交流断路器的三相电缆接头测温	符合正常温度范围	测温枪	45天/次
		② 一人测量，一人记录			
2	电缆紧固	① 连接逆变器的交流断路器及连接箱变的交流总断路器的电缆接头螺栓是否紧固	用力矩扳手紧固达到标准值	内六角扳手	
		② 查看线端子压接是否牢固			
3	交流防雷器	查看避雷器是否变色	显示绿色		
4	电压测量	① 测量每一支路的相间电压及对地电压	符合正常范围	万用表	
		② 一人测量，一人记录数据			
5	接地铜排	① 检查接地铜排的接地线连接是否紧固可靠	符合正常范围	内六角扳手、记号笔	
		② 测量其接地电阻	符合正常范围	接地电阻测试仪	
6	绝缘检测	① 拉开每一支路的交流断路器	符合正常范围	绝缘电阻表	
		② 测量每一支路各相对地绝缘阻值			
7	每次定检后当日值班人员将检查情况汇总整理后，发送至相应文件夹中		汇总至故障记录簿	中性笔	每天/次

3. 光伏汇流箱的定检记录

光伏汇流箱的定检记录表见表 3-15。

表 3-15　XXXX 光伏电站光伏汇流箱定期检查记录

检查内容					
1	检查汇流箱柜体是否正常		6	检查各支路线头有无松动、放电	
2	检查汇流箱数显仪显示是否正常		7	检查汇流箱避雷器是否正常	
3	检查汇流箱各保险是否正常		8	检查汇流箱有无异味	
4	检查汇流箱数字面板各电流是否正常		9	检查汇流箱有无漏水	
5	检查汇流箱隔离开关位置是否正常		10	检查汇流箱安装支架是否牢固	

电流记录（　　区）

	一	二	三	四	五	六	七	八	九	十	十一	十二	十三	十四	十五	十六
总																
1																
2																
3																
4																
5																
6																
7																
8																
…																
平均																

1. 检查意见

每一项检查出现了问题都必须记录在检查记录中。

2. 其他问题

如在检查过程中出现其他问题，需要记录在检查记录中。

3. 检查结果与处理意见

检查人签字：　　　　　　　　　　　　　　　　检查日期：

3.3.4　光伏逆变器的定检

1. 光伏逆变器的定检

光伏逆变器定检的步骤、工作标准、使用工具与方法和周期见表 3-16。

表 3-16　光伏逆变器的定检

序号	名称	步　　骤	工作标准	使用工具与方法	周期
1	温度测量	① 在逆变器内用测温仪对每一支路、每一极测温	符合正常温度范围	测温仪、对讲机、手电	1 季/次
		② 在显示屏上读取各模块温度			
		③ 中控室值班人员记录现场数据的同时对比监控平台显示的相应的温度进行记录			
2	电缆紧固	检查逆变器各支路开关上下口电缆连接处标记，如需紧固，将逆变器室内对应支路及汇流箱开关拉开	符合正常范围	扳手 、记号笔	
3	电压测量	① 在显示屏上读取直流及交流电压	符合正常范围	万用表、验电笔	15 天/次
		② 中控室值班人员记录现场数据的同时对比监控平台显示的相应的电压进行记录			
4	电流测量	① 现场人员通过测量显示装置读取实时电流	符合正常范围	钳形电流表、对讲机	
		② 中控室值班人员记录现场数据的同时对比监控平台显示的相应支路电流进行记录			
5	发电参数测量	① 在显示屏上读取输出功率、日发电量、总发电量	现场数据与监控平台数据偏差较小	对讲机	
		② 中控室值班人员记录现场数据的同时对比监控平台显示的相应参数进行记录			
6	阻抗检查	① 在显示屏上读取正、负对地阻抗	符合正常范围	对讲机	
		② 中控室值班人员记录现场数据的同时对比监控平台显示的相应阻抗进行记录			
7	防火封堵检查	① 逆变器各支路、通信柜、配电柜进线防火泥是否脱落	防火泥、无脱落	观察	
		② 逆变器防是否还有鼠药	有防鼠药	鼠药	
		③ 逆变器基坑是否积水、有异物	无积水、无异物	观察	
8	每次定检后当日值班人员将检查情况汇总整理后，发送至相应文件夹中		汇总至故障记录簿	中性笔	每天/次

2. 光伏逆变器的定检记录

光伏逆变器的定检记录表见表 3-17。

表 3-17　XXXX 光伏电站光伏逆变器的定检记录

检查内容		正常	不正常	检查情况备注
1	检查逆变器各指示灯是否正常			
2	检查逆变器各运行参数是否正常			

（续）

	检查内容	正常	不正常	检查情况备注
3	检查逆变器有无故障记录			
4	检查逆变器运行声音是否正常			
5	检查逆变器风机运行是否正常			
6	检查数据通信柜指示灯是否正常			
7	检查数据通信柜温度是否正常			
8	检查通信及照明电源是否正常			
9	检查各设备有无异味			
10	检查灭火器压力及外观			
11	检查警告标志是否脱落丢失			

1. 检查意见
每一项检查出现了问题都必须记录在检查记录中。
2. 其他问题
如在检查过程中出现其他问题，需要记录在检查记录中。
3. 检查结果与处理意见

检查人签字：　　　　　　　　　　　　检查日期：

3.3.5 配电柜的定检

1. 低压配电柜的定检

低压配电柜定检的步骤、工作标准、使用工具与方法和周期见表3-18。

表3-18 低压配电柜的定检

序号	名称	步骤	工作标准	使用工具与方法	周期
1	标识器件	配电柜标明被控设备编号、名称或操作位置的标识器件是否完整，编号是否清晰、工整	配电柜标明被控设备编号、名称或操作位置的标识器件完整，编号清晰、工整	观察	春检、秋检
2	母线接头与螺栓、螺钉	① 母线接头是否连接紧密，有无变形和放电变黑痕迹	母线接头连接紧密，无变形，无放电变黑痕迹	观察	
		② 紧固各接线螺钉是否松动，紧固各接线螺钉	各接线螺钉紧固、牢靠	螺钉旋具	
		③ 紧固连接螺栓是否生锈	紧固连接螺栓未生锈	观察	

（续）

序号	名称	步　　骤	工 作 标 准	使用工具与方法	周期
3	接线端子	① 各接线端子温度是否正常	各接线端子温度正常，三相温度均衡	测温枪	春检、秋检
		② 把各分开关柜从抽屉柜取出，紧固各接线端子	各接线端子紧固	螺钉旋具	
4	配电柜开关	① 配电柜中开关、主触点有无烧溶痕迹，灭弧罩有无烧黑和损坏	配电柜中开关、主触点无烧溶痕迹，灭弧罩无烧黑和损坏	观察	
		② 手车、抽出式成套配电柜推拉是否灵活，有无卡阻、碰撞现象；动触头与静触头的中心线是否一致，触头是否接触紧密	手车、抽出式成套配电柜推拉灵活，无卡阻、碰撞现象；动触头与静触头的中心线一致，且触头接触紧密	倒闸时观察	
		③ 手柄操作机构是否灵活、可靠	手柄操作机构灵活、可靠	倒闸时观察	
5	引出线与出线孔	① 查看出线孔防火泥是否封堵完善，防火泥是否有发黑变质现象	防火泥封堵完善，无发黑变质现象	观察	
		② 清洁开关柜内和配电柜后面引出线处的灰尘	开关柜内和配电柜后面引出线处无灰尘	吹吸两用吹风机	
6	信号显示	信号回路的信号灯、按钮、信号显示是否准确	信号回路的信号灯、按钮、信号显示准确	观察	
7	低压发热物件	检查低压发热物件散热是否良好	低压电器发热物件散热良好	测温枪	
8	每次定检后当日值班人员将检查情况汇总整理后，发送至相应文件夹中		汇总至故障记录簿	中性笔	每天/次

2. 高压配电柜的定检

高压配电柜定检的步骤、工作标准、使用工具与方法和周期见表3-19。

表3-19　高压配电柜的定检

序号	名称	步　　骤	工 作 标 准	使用工具与方法	周期
1	声音	听设备运行的声音是否正常	声音正常	观察	春检、秋检
2	设备外观	看设备的外观和颜色变化有无异常；仪表数字显示有无异常变化	外观和颜色变化正常，仪表数字显示正常	观察	
3	气味	检查有无绝缘材料在温度升高时的烧糊气味	无烧糊气味	观察	

（续）

序号	名称	步　骤	工 作 标 准	使用工具与方法	周期
4	电压表、电流表、电器元件等仪器仪表	① 检查电流、电压、温度显示是否正常；保护装置有无报警	电流、电压、温度正常；保护装置无报警	观察	春检、秋检
		② 检查各种仪表指示、储能指示、运行指示是否完好	各种仪表指示、储能指示、运行指示完好	观察	
		③ 观察各路集线柜、出线柜、电压（电流）互感器、避雷器等各点有无弧光闪络痕迹和打火现象	无弧光闪络痕迹和打火现象	观察	
5	电缆	① 检查高压电缆有无出现鼓包现象	未出现鼓包现象	观察	
		② 检查配电柜电缆槽是否积水	配电柜电缆槽无积水现象	观察	
6	灭火器	检查灭火器喷嘴、压力、外观、铅封	压力指示在绿色区，称重合格	电子称重仪	
7	配电柜门窗、墙壁、警示牌、卫生等	① 检查高压配电柜门窗锁是否关严，门窗及排风扇是否漏雨	高压配电柜门窗锁关严，门窗及排风扇无漏雨现象	观察	
		② 检查配电柜墙壁是否开裂	配电柜墙壁无开裂现象	观察	
		③ 检查后柜门测温帖颜色变化，注意温度变化	测温帖无颜色变化	观察	
		④ 检查有无小动物运动痕迹，有无漏雨、进水现象	无小动物运动痕迹，无漏雨、进水现象	观察	
		⑤ 检查配电柜卫生情况	配电柜内部卫生情况良好，无灰尘、蜘蛛网	观察	
		⑥ 检查各类设备挂牌、警示牌有无脱落	挂牌、警示牌未脱落	观察	
8	每次定检后当日值班人员将检查情况汇总整理后，发送至相应文件夹中		汇总至故障记录簿	中性笔	每天/次

3. 高低压配电柜的定检记录

高低压配电柜的定检记录表见表 3-20。

表 3-20　XXXX 光伏电站高低压配电柜定检记录表

检 查 内 容		正常	不正常	检查情况备注
1	检查配电柜各指示灯是否正常			
2	检查配电柜各运行参数是否正常			
3	检查配电柜有无故障记录			

（续）

检 查 内 容		正常	不正常	检查情况备注
4	检查配电柜运行声音是否正常			
5	检查配电柜各表计显示是否正常			
6	检查配电柜各空开位置是否正常			
7	检查配电柜各空开温度是否正常			
8	检查配电柜各接点有无松动、发热、放电			
9	检查配电柜风机运行是否正常			
10	检查数据通信柜指示灯是否正常			
11	检查数据通信柜温度是否正常			
12	检查通信及照明电源是否正常			
13	检查各设备有无异味			
14	检查灭火器压力及外观			
15	检查警告标志是否脱落丢失			

1. 检查意见
每一项检查出现了问题都必须记录在检查记录中。
2. 其他问题
如在检查过程中出现其他问题，需要记录在检查记录中。
3. 检查结果与处理意见

检查人签字：　　　　　　　　　　　　　　　　检查日期：

3.3.6 变压器的定检

1. 10 kV/480 V 箱变定检

10 kV/480 V 箱变定检的步骤、工作标准、使用工具与方法和周期见表 3-21。

表 3-21　10 kV/480 V 箱变定检

序号	名称	步　　骤	工作标准	使用工具与方法	周期
1	温度测量	① 在箱变内用测温仪对每一支路、每一相电缆头测温	符合正常温度范围	测温仪、对讲机、手电	1 季/次
		② 现场测温，中控室值班人记录数据并与监控平台数据作对比			
		③ 高压侧通过窥视口查看测温贴有无变色			
2	电缆紧固	① 检查箱变各支路开关上下口电缆连接处标记，如需紧固，将逆变器室停机，拉开各侧开关	符合正常范围	扳手	

（续）

序号	名称	步　骤	工作标准	使用工具与方法	周期
3	电压测量	① 分别测量相间电压及相对地电压 ② 一人手持两表笔，一人读数 ③ 中控室值班人员对比监控平台数据并做好记录	符合正常范围	万用表、验电笔	15 天/次
4	电流测量	① 现场人员读取显示装置实时电流 ② 中控室值班人员记录现场数据的同时对比监控平台显示的相应支路电流进行记录	符合正常范围	对讲机	
5	检查箱变非电量参数	① 检查箱变温度、环境温度、压力、油位 ② 中控室值班人员对比监控平台数据并做好记录	符合正常温度范围	对讲机	
6	防火封堵检查	① 各支路进线防火泥是否脱落	无脱落	防火泥	
		② 箱变投掷防鼠药是否需要进行补充	有防鼠药	鼠药	
		③ 箱变基坑是否积水、有异物	无积水、无异物	观察	
7	每次定检后当日值班人员将检查情况汇总整理后，发送至相应文件夹中		汇总至故障记录簿	中性笔	每天/次

2. 35 kV/315 V 箱变定检

35 kV/315 V 箱变定检的步骤、工作标准、使用工具与方法和周期见表 3-22。

表 3-22　35 kV/315 V 箱变定检

序号	名称	步　骤	工作标准	使用工具与方法	周期
1	温度测量	① 箱变低压侧用测温仪对每一相电缆头测温，并记录 ② 核对温控仪上显示箱变各相绕组，铁心温度与监控平台显示是否一致 ③ 高压侧通过窥视口查看电缆头有无过热变色，护套有无过热变色	符合正常温度范围	测温仪、对讲机、手电	1 季/次
2	电缆紧固	检查箱变开关上下口各相支路螺钉紧固力矩标记是否有位移，如需紧固，将逆变器室停机，拉开箱变各侧开关	符合正常范围	扳手	
3	温控器、冷却风机、计数器检查	① 温控器显示绕组三相温度在允许范围内 ② 铁心温度在允许范围内 ③ 风机启、停正常，风机无异音 ④ 雷雨后检查计数器是否动作	正常	对讲机	7 天/次
4	电压、电流测量	① 现场人员读取显示装置实时电流 ② 中控室值班人员记录现场数据的同时，对比监控平台显示的相应支路电流和电压进行记录	电压、电流符合正常范围	对讲机	

（续）

序号	名称	步　　骤	工作标准	使用工具与方法	周期
5	检查箱变非电量参数	① 检查箱变温度、箱变室环境温度	符合正常温度范围	对讲机	7 天/次
		② 中控室值班人员做好记录，并与监控平台显示的相应数据进行对比			
6	防火封堵检查	检查各支路进线、各孔洞防火泥是否脱落	无脱落	防火泥	
7	箱变室进水检查	① 箱变室是否进水、有无异物	无积水、无杂物	观察	
		② 箱变基础室是否有积水			
8	箱变接地检查	检查箱变接地线是否松动断开，高/低压预装式变电站接地线是否断开，接地是否可靠	可靠接地	观察，紧固	
9	每次定检后当日值班人员将检查情况汇总整理后，发送至相应文件夹中		汇总至故障记录簿	中性笔	每天/次

3. 35 kV 干式箱变定检

35 kV 干式箱变定检的步骤、工作标准、使用工具与方法和周期见表 3-23。

表 3-23　35 kV 干式箱变定检

序号	名称	步　　骤	工作标准	使用工具与方法	周期
1	绝缘遥测	① 分别遥测干变高压侧各相绕组对地绝缘并做好记录	电压、电流符合正常范围	绝缘手套、2500 V 绝缘电阻表	春检、秋检
		② 分别遥测干变低压侧各相绕组对地绝缘并做好记录			
		③ 分别遥测高压侧各相对低压侧各相绕组绝缘并做好记录			
		④ 遥测铁心及夹件绝缘并做好记录			
2	清理卫生	① 用酒精抹布清理本体及瓷瓶卫生	无灰尘	酒精、棉抹布	
		② 用吸尘器清洁干变室尘土和杂物，清理过滤网	无杂物，无堵塞		
3	电缆螺栓紧固	① 检查变压器高低压侧联接螺栓有无松动，如有松动，紧固后做防松标记	无松动，标记无移位	扳手、记号笔	
		② 紧固二次接线	无松动	一字螺钉旋具	
4	测温探头检查	检查探头埋置位置是否正确、牢固，探头及连接线是否良好、有无损坏	正确、牢固，无损坏	绑扎带、万用表	

（续）

序号	名称	步　骤	工作标准	使用工具与方法	周期
5	温控器冷却风机检查	① 温控器是否显示正常，绕组三相温差是否在允许范围	正常	螺钉旋具	春检、秋检
		② 冷却风机检查，无卡涩、无断线	风机良好		
6	外观检查	① 连接电缆是否有过热变色现象	无放电痕迹、无过热	观察	
		② 瓷瓶是否有裂纹、放电痕迹			
		③ 避雷器计数器是否有动作			
		④ 隔离刀闸是否接触良好，有无过热痕迹			
7	高压保险及机构传动检查	① 开关分、合闸机构操作灵活、接触良好	操作灵活，保险完好	操作手柄、万用表	
		② 接地刀机构操作灵活，无卡涩			
		③ 高压保险完好、接触良好			
8	每次定检后当日值班人员将检查情况汇总整理后，发送至相应文件夹中		汇总至故障记录簿	中性笔	每天/次

4. 主变定检

主变定检的步骤、工作标准、使用工具与方法和周期见表3-24。

表3-24　主变定检

序号	名称	步　骤	工作标准	使用工具与方法	周期
1	绝缘遥测	① 遥测主变低压侧绝缘并做好记录	符合正常范围	绝缘手套、5000 V摇表	春检、秋检
		② 遥测主变高压侧绝缘并做好记录			
		③ 遥测主变铁心及夹件绝缘并做好记录			
2	清理卫生	① 用酒精抹布清理本体及瓷瓶卫生	无灰尘	酒精棉纱	
		② 检查本体是否渗油、瓷瓶有无放电痕迹	无渗油		
3	电缆螺栓紧固	① 检查变压器高低压侧连接处标记，紧固后做防松标记	有防松标记	扳手、记号笔	
		② 紧固二次接线	无松动	一字螺钉旋具	
4	更换硅胶	检查呼吸器硅胶是否变色，变色后将其更换	硅胶蓝色	扳手	
5	补漆	① 检查外壳是否有锈蚀	无锈蚀	毛刷、油漆、稀料	
		② 将变压器锈蚀部分除锈后刷漆	补漆		
6	每次定检后当日值班人员将检查情况汇总整理后，发送至相应文件夹中		汇总至故障记录簿	中性笔	每天/次

5. 变压器的定检记录

变压器的定检记录表见表 3-25。

表 3-25　XXXX 光伏电站变压器定检记录

编号	箱变油温	箱变油位	低压 1 分支电流	低压 1 分支电压	低压 2 分支电流	低压 2 分支电压	高压 测电流	高压 测电压	箱变声音
1									
2									
3									
4									
5									
6									
…									

1. 检查意见
每一项检查出现了问题都必须记录在检查记录中。
2. 其他问题
如在检查过程中出现其他问题，需要记录在检查记录中。
3. 检查结果与处理意见

检查人签字：　　　　　　　　　　　　　　　检查日期：

3.3.7　高压开关柜的定检

1. 高压开关柜的定检

高压开关柜定检的步骤、工作标准、使用工具与方法和周期见表 3-26。

表 3-26　高压开关柜的定检

序号	名称	步　　骤	工作标准	使用工具与方法	周期
1	绝缘遥测	① 遥测 10 kV 开关出线绝缘做好记录	符合标准要求	绝缘手套、2500 V 绝缘电阻表	春检、秋检
		② 遥测母线绝缘做好记录			
2	清理卫生	① 用酒精抹布清理各个开关本体	无灰尘	手电、酒精抹布、吸尘器	
		② 用毛刷及吸尘器清理母线室卫生			
		③ 检查开关触头有无放电灼伤痕迹			
		④ 用酒精抹布清理后柜门电缆接头及过电压保护器			
		⑤ 清理 10 kV 到主变低压侧共箱母线卫生			

（续）

序号	名称	步　骤	工作标准	使用工具与方法	周期
3	电缆螺栓紧固	① 检查各开关及母线连接处标记，紧固后做防松标记	有标记	扳手、内六角、记号笔	春检、秋检
		② 紧固二次接线	符合标准要求	一字螺钉旋具	
4	防火封堵	① 检查各开关进线防火泥是否脱落	无脱落	扫帚、防火泥	
		② 清理 10kV 电缆沟杂物	无杂物		
5	每次定检后当日值班人员将检查情况汇总整理后，发送至相应文件夹中		汇总至故障记录簿	中性笔	每天/次

2. 高压开关柜的定检记录

高压开关柜的定检记录表见表 3-27。

表 3-27　XXXX 光伏电站高压开关柜定检记录

检查内容		正常	不正常	检查情况备注
1	遥测 10kV 开关出线绝缘性能			
2	遥测母线绝缘性能			
3	检查开关本体、母线、小母线、10kV 到主变低压侧共箱母线卫生			
4	检查后柜门电缆接头及过电压保护器			
5	检查各开关及母线连接处标记是否清晰，紧固后防松标记是否清晰，二次接线是否紧固			
6	检查各开关进线防火泥是否脱落			
7	检查开关触头有无放电灼伤痕迹			
8	清理 10kV 电缆沟杂物			

1. 检查意见
每一项检查出现了问题都必须记录在检查记录中。
2. 其他问题
如在检查过程中出现其他问题，需要记录在检查记录中。
3. 检查结果与处理意见

检查人签字：　　　　　　　　　　　　　　　　　检查日期：

3.3.8　SVG 的定检

1. SVG 的定检

SVG 定检的步骤、工作标准、使用工具与方法和周期见表 3-28。

表 3-28　SVG 的定检

<table>
<tr><th>序号</th><th>名称</th><th>步　　骤</th><th>工作标准</th><th>使用工具与方法</th><th>周期</th></tr>
<tr><td rowspan="5">1</td><td rowspan="5">滤网清理</td><td>① 将 SVG 由运行转检修</td><td rowspan="5">滤网无灰尘，内部元器件、冷却风机在使用寿命期限内</td><td rowspan="5">酒精抹布、毛刷、吸尘器</td><td rowspan="9">1 月/次</td></tr>
<tr><td>② 拆下 SVG 进风口滤网，用吸尘器逐个清理滤网</td></tr>
<tr><td>③ 用毛刷清理功率单元散热器灰尘</td></tr>
<tr><td>④ 用吸尘器清理 SVG 内部灰尘</td></tr>
<tr><td>⑤ 冷却风机的使用寿命为 3 万～4 万小时，根据运行时间确定是否需要更换</td></tr>
<tr><td rowspan="2">2</td><td rowspan="2">电缆接头紧固检查</td><td>① 检查 SVG 进线电缆、功率单元电缆连接处标记是否松动，紧固后做防松标记</td><td rowspan="2">符合标准要求</td><td rowspan="2">扳手、一字螺钉旋具</td></tr>
<tr><td>② 紧固二次接线</td></tr>
<tr><td rowspan="2">3</td><td rowspan="2">防火防堵</td><td>① SVG 进线电缆及控制电缆进线防火泥是否脱落</td><td>无脱落</td><td rowspan="2">防火泥、老鼠药</td></tr>
<tr><td>② SVG 投掷防鼠药是否需要进行补充</td><td>有防鼠药</td></tr>
<tr><td>4</td><td colspan="2">每次定检后当日值班人员将检查情况汇总整理后，发送至相应文件夹中</td><td>汇总至故障记录簿</td><td>中性笔</td><td>每天/次</td></tr>
</table>

2. SVG 的定检记录

SVG 的定检记录表见表 3-29。

表 3-29　XXXX 光伏电站 SVG 定检记录

检 查 内 容		正常	不正常	检查情况备注
1	检查 SVG 各指示灯是否正常			
2	检查 SVG 各运行参数是否正常			
3	检查 SVG 有无故障记录			
4	检查 SVG 运行声音是否正常			
5	检查 SVG 滤网是否清理干净			
6	检查 SVG 各接点有无松动、发热、放电现象			
7	检查 SVG 冷却风机运行是否正常			
8	检查数据通信柜指示灯是否正常			
9	检查数据通信柜温度是否正常			

1. 检查意见
每一项检查出现了问题都必须记录在检查记录中。
2. 其他问题
如在检查过程中出现其他问题，需要记录在检查记录中。
3. 检查结果与处理意见

检查人签字：　　　　　　　　　　　　　　　　检查日期：

3.3.9 架空线路、电缆的定检

1. 10 kV/220 kV 线路定检

10 kV/220 kV 线路定检的步骤、工作标准、使用工具与方法和周期见表 3-30。

表 3-30 10 kV/220 kV 线路定检

序号	名 称	步 骤	工 作 标 准	使用工具与方法	周 期
1	杆塔检查	查看标牌记录塔号，用望远镜查看有无鸟窝	无鸟窝	望远镜	90 天/次
2	基础螺栓松动检查	查看基础螺栓有无松动	无松动		
3	基础下沉检查	查看基础有无下沉	无下沉		
4	备母松动检查	查看备母有无松动	无松动		
5	警示牌及标识牌检查	查看有无警示牌及标识牌	有标识牌		
6	接地极检查	查看接地极有无锈蚀	无锈蚀		
7	防震锤检查	查看防震锤有无缺失	无缺失		
8	每次定检后当日值班人员将检查情况汇总整理后，发送至相应文件夹中		汇总至故障记录簿	中性笔	每天/次

2. 10 kV 集电线定检

10 kV 集电线定检的步骤、工作标准、使用工具与方法和周期见表 3-31。

表 3-31 10 kV 集电线定检

序号	名 称	步 骤	工 作 标 准	使用工具与方法	周 期
1	杆塔检查	① 用绝缘杆清理鸟窝	清除	绝缘杆脚扣、传递绳	春检、秋检
		② 加装驱鸟器	固定牢固		
2	紧固连接螺栓	① 电缆头连接螺栓紧固	符合标准要求		
		② 拉线、金具、绝缘子紧固			
3	清理卫生	① 用酒精及面纱清理电缆头	无灰尘		
		② 用毛刷、酒精清理线路、避雷器卫生			
4	接地线检查	对断裂生锈的接地线进行更换并做防腐	清除锈迹		
5	横担检查	紧固倾斜横担，加装斜撑	无歪斜		

（续）

序号	名　　称	步　　骤	工 作 标 准	使用工具与方法	周　　期
6	警示牌及标识牌检查	对丢失的警示牌及标识牌进行补充	有标识牌	绝缘杆脚扣、传递绳	春检、秋检
7	线杆基础检查	对倾斜的杆塔用石头、水泥进行加固	基础无下沉，牢固		
8	每次定检后当日值班人员将检查情况汇总整理后，发送至相应文件夹中		汇总至故障记录簿	中性笔	每天/次

3. 电缆头的定检

电缆头定检的步骤、工作标准、使用工具与方法和周期见表3-32。

表3-32　电缆头的定检

序号	名　　称	步　　骤	工 作 标 准	使用工具与方法	周　　期
1	电缆头测温	① 用红外测温枪测温 ② 将测温记录填入定检记录本	温度不超过规定要求	红外测温枪	6月/次
2	电缆头防松标记	检查电缆头防松标记有无错位	无错位	观察	
3	电缆螺栓紧固	紧固螺栓	符合标准要求	力矩扳手	
4	高温贴片检查	检查高温贴片有无变色	高温贴片无变色	测温枪	
5	电缆头检查	对电缆头外观检查	电缆头外观无破损，击穿现象	观察	
6	汇总统计缺陷	集中处理有缺陷的电缆头	汇总至故障记录簿	中性笔	
7	每次定检后当日值班人员将检查情况汇总整理后，发送至相应文件夹中		汇总至故障记录簿	中性笔	每天/次

4. 架空线路、电缆的定检记录

（1）架空线路的定检记录

架空线路的定检记录表见表3-33。

表3-33　XXXX光伏电站架空线路的定检记录

检 查 内 容		正常	不正常	检查情况备注
1	检查外观完好，无裂痕，无放电痕迹			
2	检查油压力处于正压范围，油色透明			
3	进行绝缘测试，符合绝缘等级标准			

（续）

	检 查 内 容	正常	不正常	检查情况备注
4	进行介损试验，符合电气规范标准			

1. 检查意见

每一项检查出现了问题都必须记录在检查记录中。

2. 其他问题

如在检查过程中出现其他问题，需要记录在检查记录中。

3. 检查结果与处理意见

检查人签字：　　　　　　　　　　　　检查日期：

（2）电缆头的定检记录

电缆头的定检记录表见表 3-34。

表 3-34　XXXX 光伏电站电缆头的定检记录

（　　　）区　　统计时间：																		
汇流箱	编号	1		2		3		4		5		6		7		8		备注
	极性	正	负	正	负	正	负	正	负	正	负	正	负	正	负	正	负	
	温度																	
	电流																	
直流柜	空开编号	1		2		3		4		5		6		7		8		
	极性	正	负	正	负	正	负	正	负	正	负	正	负	正	负	正	负	
	温度																	
	电流																	
逆变器	逆变器负荷	相序		直流侧								交流侧						
				正				负				A		B		C		
		温度																
（　　　）区统计时间：																		
汇流箱	编号	1		2		3		4		5		6		7		8		备注
	极性	正	负	正	负	正	负	正	负	正	负	正	负	正	负	正	负	
	温度																	
	电流																	
直流柜	空开编号	1		2		3		4		5		6		7		8		
	极性	正	负	正	负	正	负	正	负	正	负	正	负	正	负	正	负	
	温度																	
	电流																	

（续）

逆变器	逆变器负荷	相序	直流侧		交流侧			
			正	负	A	B	C	
		温度						

1. 检查意见

每一项检查出现了问题都必须记录在检查记录中。

2. 其他问题

如在检查过程中出现其他问题，需要记录在检查记录中。

3. 检查结果与处理意见

检查人签字：　　　　　　　　　　　　　　检查日期：

思考与练习

1. 光伏电站的生产管理内容主要有哪些？
2. 光伏电站的安全管理内容主要有哪些？
3. 光伏组件的定检包括哪些内容？工作标准是什么？
4. 光伏汇流箱的定检包括哪些内容？定检时间和周期是多少？
5. 光伏逆变器的巡检如何实施？工作标准是什么？
6. SVG 设备的定检、巡检如何进行？

第 4 章　光伏电站的智能运维

光伏电站的发展逐渐由大规模建设阶段进入大规模运维阶段。伴随着人工智能、大数据分析、互联网等信息技术的快速发展，光伏电站的运维开启了智能化管理模式。

智能运维是从光伏电站系统层面思考电站的管理与运营模式，寻找最佳的综合能量效率（Performance Ratio，PR）及安全可靠性，实现由被动到主动、由现场运维到移动/远程运维、由粗放管理到精细化管理。本章以某光伏电站智能化营维系统的应用软件为例，重点介绍了营维分析系统、生产管理系统、监控系统、运维 App、经营 App 5 个应用环节，全面实现了现代化光伏电站的集约化、信息化、标准化、高效化、智能化管理。

教学导航

知识重点	1. 光伏电站的智能运维 2. 智能光伏电站营维分析系统的应用 3. 智能光伏电站生产管理系统的应用 4. 智能光伏电站监控系统的应用 5. 运维 App、经营 App 的应用 6. 光伏电站设备性能、发电效益、运维成本等分析
知识难点	通过上述系统实现设备异常、光伏电站发电效益、运维成本等大数据分析
推荐教学方式	现场讲授、分组教学、角色扮演、演示操作、任务驱动
建议学时	12 学时
推荐学习方法	小组协作、分组演练、问题探究、实践操作
必须掌握的理论知识	1. 智能光伏电站营维系统、生产管理系统、监控系统、运维 App、经营 App 的使用方法 2. 设备性能、光伏电站发电效益、运维成本等的分析方法
必须掌握的技能	熟练使用智能光伏电站营维系统、生产管理系统、监控系统、运维 App、经营 App

智能光伏电站营维系统软件分为营维分析系统、生产管理系统、监控系统、运维 App、经营 App 5 个部分。

1. 智能光伏电站营维分析系统

营维分析系统可以实现对客户全球电站进行集中管理，提高电站的管理和运维效率，提升发电量，降低管理成本，功能及优势如下所述。

1）基于云计算平台，具备管理数十 GW、数百电站的数据接入能力，支持 25 年、数百 TB 的数据存储，完备的权限控制和鉴权机制，保证数据安全。

2）支持多电站接入、扩展接入新电站，将位于全国/全球不同位置的多个电站当作本地逻辑电站进行管理，分析各电站全年和各月发电计划完成情况、运维投入情况，辅助集团领导决策分析。

3）汇总多个电站生产数据、融合分析，形成一整套跨电站的关键绩效指标（Key Performance Indicators，KPI）来评估电站的运营情况，评估电站运行健康状态，快速找出短板、给出优化建议。

2. 智能光伏电站生产管理系统

生产管理系统可提供电子化、移动化的生产运行管理和办公功能，提高电站管理、运行效率，其功能及优势如下所述。

1）两票电子化、移动化，提升处理效率，缩短处理时间，减少故障引起的发电损失。

2）运维分析和设备评估实现对人、设备、事件精确评估分析，持续优化运维效率。

3. 智能光伏电站监控系统

监控系统提供完善的光伏电站汇集站和光伏发电侧设备实时监控和管理数据，能够及时发现并精确定位故障，提升电站运维效率，其功能及优势如下所述。

1）可为组串式光伏电站提供高精度的组串监测，对组件故障能够快速识别。

2）可实现故障精确定位，可以进行告警关联分析并给出告警修复建议，减少现场工作人员故障检修的定位时间和分析工作量。

3）可基于设备物理位置、逻辑拓扑和电气接线图进行实时监测，并提供直观可视的用户体验。

4. 运维 App

运维 App 可提供移动化的运维和巡检手段，功能及优势如下所述。

1）提供多种业务功能，如电站列表、告警管理、告警查看、两票管理、资产管理、运营报表等业务功能，为电站运维提供强大的业务支撑。

2）突破办公场所的限制，提供新型移动运维模式，实现工作票及操作票移动化、电子化，提升了运维效率。

5. 经营 App

经营 App 可通过手机实时查询集团及电站 KPI 运营指标，其功能及优势如下所述。

1）直观展现集团下属所有电站布局结构及运行状态，同时为电站管理者提供各种运营数据，如发电报表、电量统计分析、电站运行分析、设备运行分析、运维评估等多维度运营信息。

2）为投资机构和投资者提供了解电站运营、收益情况的通道。

4.1 智能光伏电站营维分析系统

4.1.1 实时监控电站问题

1. 使用集团监屏实时监控电站问题

电站远程运维是光伏行业的发展趋势，在营维分析系统中提供了集团监屏功能，对各个电站下的设备告警和越限、落后告警进行集中展示，能够快捷地发现集团所有电站的问题。营维分析系统首页如图 4-1 所示。

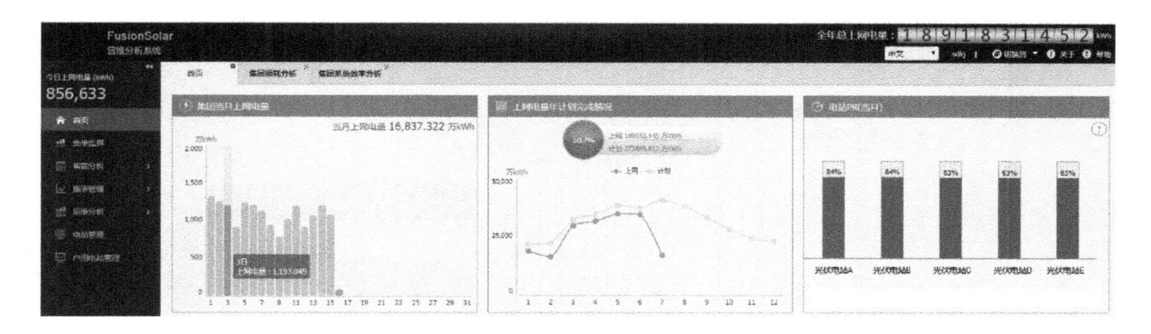

图 4-1 营维分析系统首页

营维监屏如图 4-2 所示。单击各个模块手动切换到相应的界面可以查看相应的内容。

异常告警			在线诊断			任务管理			功率曲线
22	0	0	89	1	0	1 未完成	0 今日新增	0 今日完成	

电站名称	电力公司	并网年限(年)	装机容量(MW)	当日上网电量(kWh)	实时功率(kW)	等效利用小时数(h)	电站PR(%)	辐照强度(W/㎡)	单MW功率(kW)	0功率逆变器占比	并网点状态	天气情况
光伏电站A	华东区域公司	4	12.636	26,394.8	4,886.79	2.09	89.01	641.7	386.73	0/274	-	多云
光伏电站B	华东区域公司	5	0	0	0	0	0	0	0	0/40	断链	多云
光伏电站C	华东区域公司	5	0	260,827.71	32,330	0	89.01	373.4	0	0/368	断链	小雨
光伏电站D	华东区域公司	3	10.493	34,264	5,254.68	3.27	72.48	676.6	500.79	0/201	断链	多云
光伏电站E	西北区域公司	7	0	0	0	0	0	0	0	0/300	断链	小雨

图 4-2 营维监屏

2. 告警处理

在运维分析界面，通过“异常告警处理统计”“两票缺陷统计”“告警集中监控”“KPI 异常数据告警”等告警统计，可查看相应信息。其中异常告警处理统计、两票缺陷统计、告警集中监控分别如图 4-3～图 4-5 所示。

异常告警处理统计

电站名称	并网类型	逆变器类型	告警总数(个)	告警已处理数(个)	告警处理率(%)	告警平均消除时长(h)
光伏电站A	地面式	集中式	0	0	0	0
光伏电站B	地面式	组串式	0	0	0	0
光伏电站C	地面式	组串式	0	0	0	0
光伏电站D	地面式	集中式	0	0	0	0
光伏电站E	地面式	集中式	1,396	1,373	98.35	0.76

图 4-3　异常告警处理统计

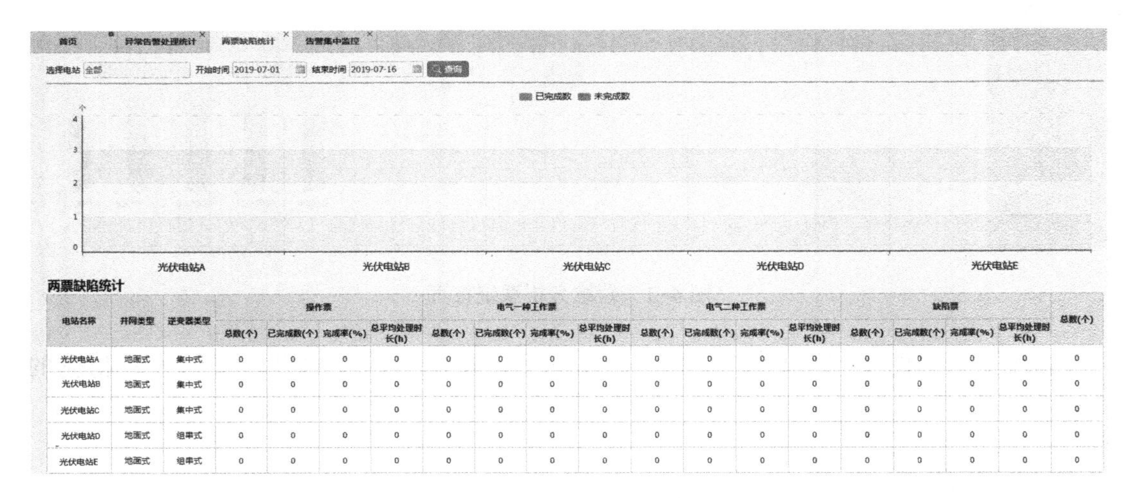

两票缺陷统计

电站名称	并网类型	逆变器类型	操作票				电气一种工作票				电气二种工作票				缺陷票				总数(个)
			总数(个)	已完成数(个)	完成率(%)	总平均处理时长(h)	总数(个)	已完成数(个)	完成率(%)	总平均处理时长(h)	总数(个)	已完成数(个)	完成率(%)	总平均处理时长(h)	总数(个)	已完成数(个)	完成率(%)	总平均处理时长(h)	
光伏电站A	地面式	集中式	0	0	0	0	0	0	0	0	0	0	0	0	0	0	0	0	0
光伏电站B	地面式	集中式	0	0	0	0	0	0	0	0	0	0	0	0	0	0	0	0	0
光伏电站C	地面式	集中式	0	0	0	0	0	0	0	0	0	0	0	0	0	0	0	0	0
光伏电站D	地面式	组串式	0	0	0	0	0	0	0	0	0	0	0	0	0	0	0	0	0
光伏电站E	地面式	组串式	0	0	0	0	0	0	0	0	0	0	0	0	0	0	0	0	0

图 4-4　两票缺陷统计

4.1.2　定位电站损耗

电站侧设备众多，为了量化、评估电站每个环节的损耗情况，建立五点四段损耗模型。通过理论发电量、逆变器输入电量、逆变器输出电量、箱变输出电量、上网电量五个采集点，把电站损耗模型分为组串环境及失配损耗、逆变器损耗、线缆损耗和并网损

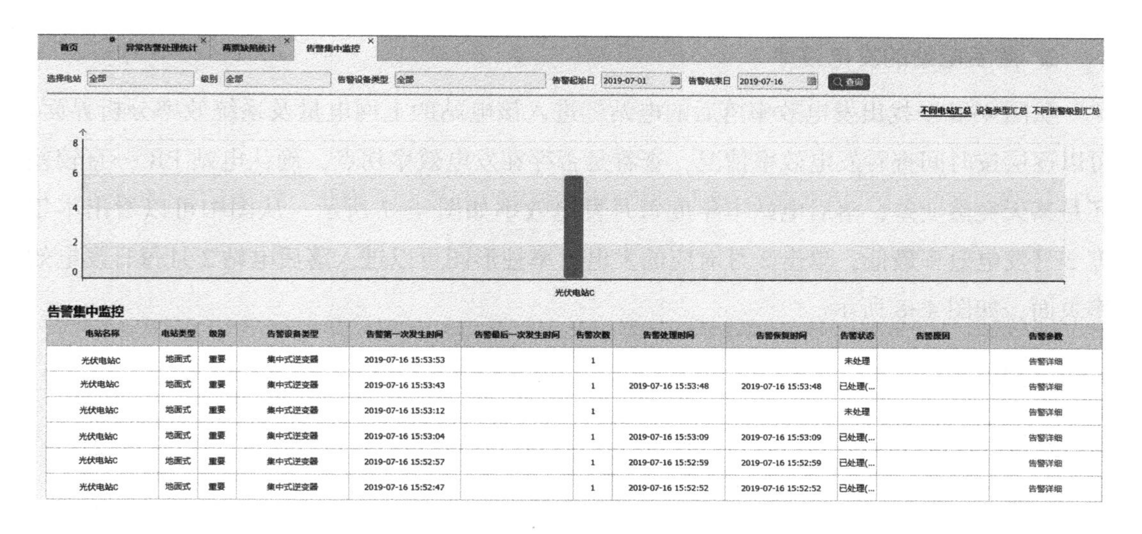

电站名称	电站类型	级别	告警设备类型	告警第一次发生时间	告警最后一次发生时间	告警次数	告警处理时间	告警恢复时间	告警状态	告警原因	告警参数
光伏电站C	地面式	重要	集中式逆变器	2019-07-16 15:53:53		1			未处理		告警详细
光伏电站C	地面式	重要	集中式逆变器	2019-07-16 15:53:43		1	2019-07-16 15:53:48	2019-07-16 15:53:48	已处理(...		告警详细
光伏电站C	地面式	重要	集中式逆变器	2019-07-16 15:53:12		1			未处理		告警详细
光伏电站C	地面式	重要	集中式逆变器	2019-07-16 15:53:04		1	2019-07-16 15:53:09	2019-07-16 15:53:09	已处理(...		告警详细
光伏电站C	地面式	重要	集中式逆变器	2019-07-16 15:52:57		1	2019-07-16 15:52:59	2019-07-16 15:52:59	已处理(...		告警详细
光伏电站C	地面式	重要	集中式逆变器	2019-07-16 15:52:47		1	2019-07-16 15:52:52	2019-07-16 15:52:52	已处理(...		告警详细

图 4-5　告警集中监控

耗四段。通过多电站各损耗段间横向、纵向和时间维度对比，找出电站损耗较大的损耗段。

1. 集团系统效率分析

集团系统效率分析按年统计视图如图 4-6 所示。通过调整统计方式（按年统计、按月统计或按日统计）和统计时间，可以对指定的 年、月、日进行对比排名，找出发电效率落后的电站。

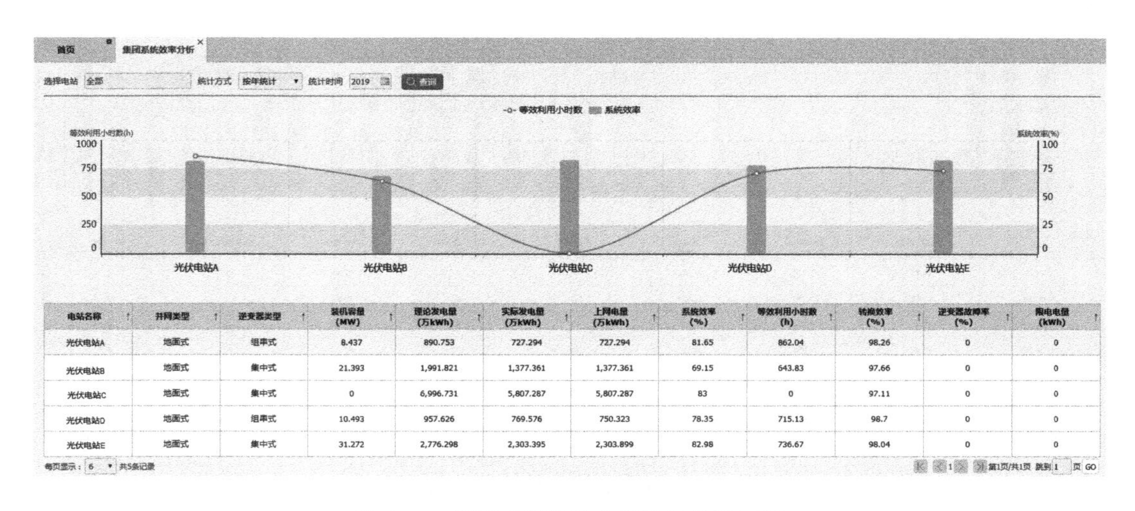

电站名称	并网类型	逆变器类型	装机容量(MW)	理论发电量(万kWh)	实际发电量(万kWh)	上网电量(万kWh)	系统效率(%)	等效利用小时数(h)	转换效率(%)	逆变器故障率(%)	限电电量(kWh)
光伏电站A	地面式	组串式	8.437	890.753	727.294	727.294	81.65	862.04	98.26	0	0
光伏电站B	地面式	集中式	21.393	1,991.821	1,377.361	1,377.361	69.15	643.83	97.66	0	0
光伏电站C	地面式	集中式	0	6,996.731	5,807.287	5,807.287	83	0	97.11	0	0
光伏电站D	地面式	组串式	10.493	957.626	769.576	750.323	78.35	715.13	98.7	0	0
光伏电站E	地面式	集中式	31.272	2,776.298	2,303.395	2,303.899	82.98	736.67	98.04	0	0

图 4-6　集团系统效率分析按年统计视图

2. 落后电站的发电效率

从图 4-6 中找出发电效率落后的电站，进入该电站的上网电量及系统效率分析界面。可以逐层按时间查看发电效率情况，查看是否存在发电效率拐点，确认电站 PR 一直较差还是某天突然变差，落后电站本年度每月发电效率如图 4-7 所示。从图中可以看出本年度 2 月发电效率最低，单击 2 月对应的发电效率柱形图可以进入落后电站 2 月每日发电效率页面，如图 4-8 所示。

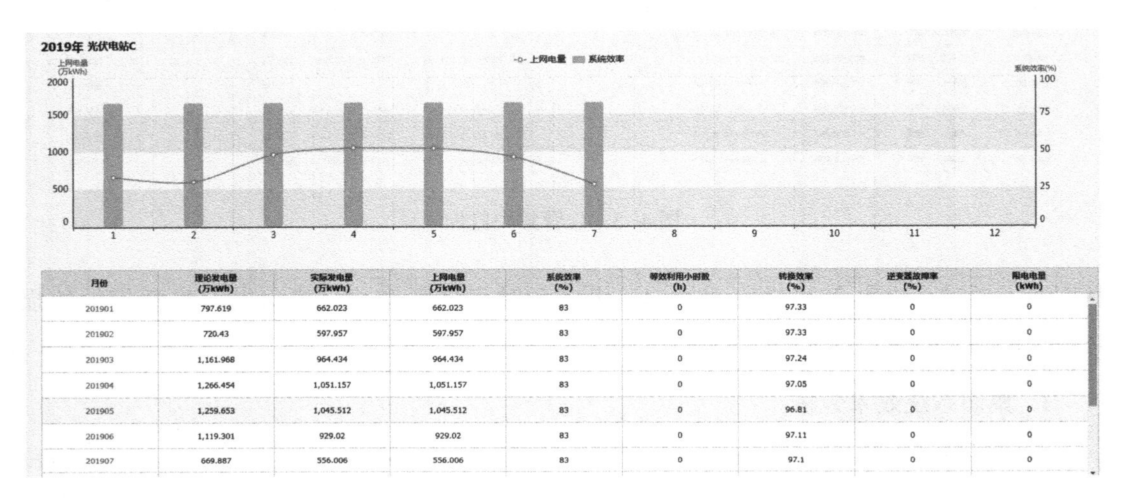

月份	理论发电量(万kWh)	实际发电量(万kWh)	上网电量(万kWh)	系统效率(%)	等效利用小时数(h)	转换效率(%)	逆变器故障率(%)	限电电量(kWh)
201901	797.619	662.023	662.023	83	0	97.33	0	0
201902	720.43	597.957	597.957	83	0	97.33	0	0
201903	1,161.968	964.434	964.434	83	0	97.24	0	0
201904	1,266.454	1,051.157	1,051.157	83	0	97.05	0	0
201905	1,259.653	1,045.512	1,045.512	83	0	96.81	0	0
201906	1,119.301	929.02	929.02	83	0	97.11	0	0
201907	669.887	556.006	556.006	83	0	97.1	0	0

图 4-7　落后电站本年度每月发电效率

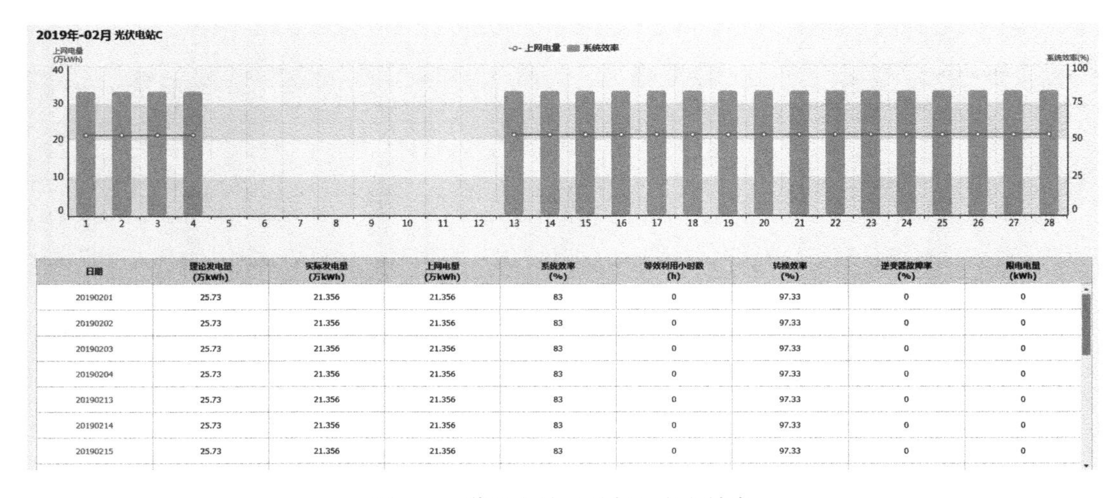

日期	理论发电量(万kWh)	实际发电量(万kWh)	上网电量(万kWh)	系统效率(%)	等效利用小时数(h)	转换效率(%)	逆变器故障率(%)	限电电量(kWh)
20190201	25.73	21.356	21.356	83	0	97.33	0	0
20190202	25.73	21.356	21.356	83	0	97.33	0	0
20190203	25.73	21.356	21.356	83	0	97.33	0	0
20190204	25.73	21.356	21.356	83	0	97.33	0	0
20190213	25.73	21.356	21.356	83	0	97.33	0	0
20190214	25.73	21.356	21.356	83	0	97.33	0	0
20190215	25.73	21.356	21.356	83	0	97.33	0	0

图 4-8　落后电站 2 月每日发电效率

3. 集团损耗分析

如果落后电站 PR 一直较差，可以从图 4-9 所示集团损耗分析按年统计视图中找出

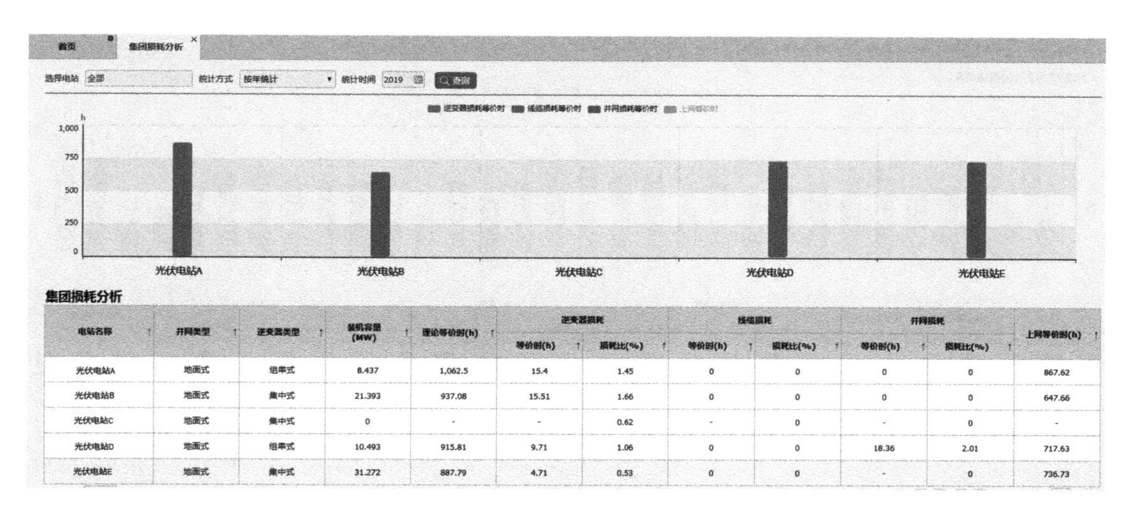

电站名称	并网类型	逆变器类型	装机容量 (MW)	理论等价时(h)	逆变器损耗		线缆损耗		并网损耗		上网等价时(h)
					等价时(h)	损耗比(%)	等价时(h)	损耗比(%)	等价时(h)	损耗比(%)	
光伏电站A	地面式	组串式	8.437	1,062.5	15.4	1.45	0	0	0	0	867.62
光伏电站B	地面式	集中式	21.393	937.08	15.51	1.66	0	0	0	0	647.66
光伏电站C	地面式	集中式	0	-	-	0.62	-	0	-	0	-
光伏电站D	地面式	组串式	10.493	915.81	9.71	1.06	0	0	18.36	2.01	717.63
光伏电站E	地面式	集中式	31.272	887.79	4.71	0.53	0	0	-	0	736.73

图 4-9　集团损耗分析按年统计视图

PR 落后电站损耗大的设备进行排查。通过调整统计方式（按年统计、按月统计或按日统计）和统计时间，可以找出损耗异常的电站，按年、月、日逐层查看，找出损耗变大的拐点，定位损耗原因，提升电站发电效率。落后电站本年度每月、每日损耗情况如图 4-10 和图 4-11 所示。

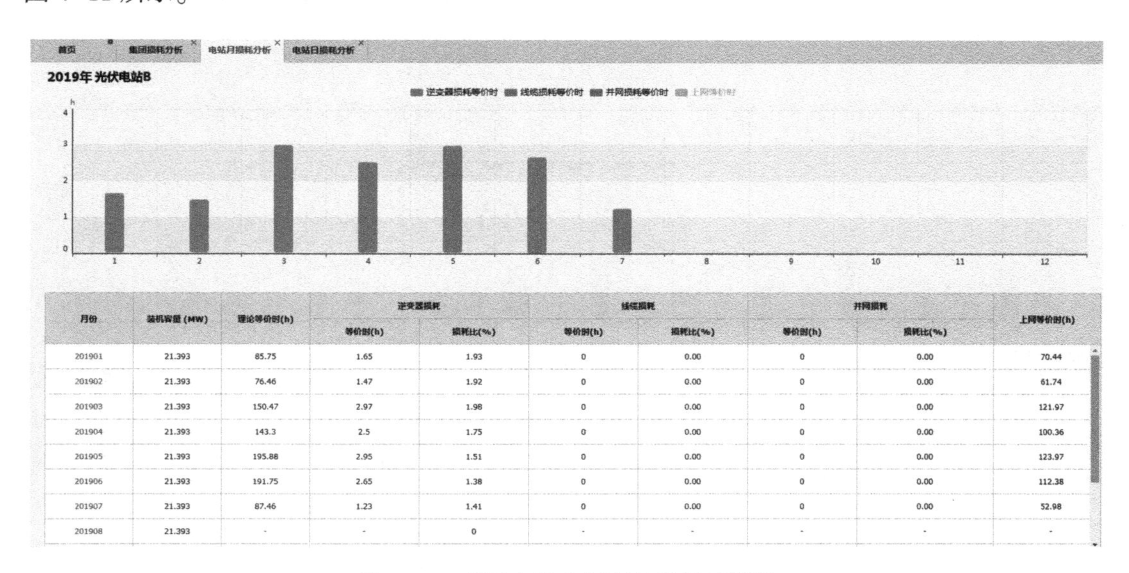

月份	装机容量 (MW)	理论等价时(h)	逆变器损耗		线缆损耗		并网损耗		上网等价时(h)
			等价时(h)	损耗比(%)	等价时(h)	损耗比(%)	等价时(h)	损耗比(%)	
201901	21.393	85.75	1.65	1.93	0	0.00	0	0.00	70.44
201902	21.393	76.46	1.47	1.92	0	0.00	0	0.00	61.74
201903	21.393	150.47	2.97	1.98	0	0.00	0	0.00	121.97
201904	21.393	143.3	2.5	1.75	0	0.00	0	0.00	100.36
201905	21.393	195.88	2.95	1.51	0	0.00	0	0.00	123.97
201906	21.393	191.75	2.65	1.38	0	0.00	0	0.00	112.38
201907	21.393	87.46	1.23	1.41	0	0.00	0	0.00	52.98
201908	21.393	-	-	0	-	-	-	-	-

图 4-10　落后电站本年度每月损耗情况

4.1.3　电站的发电量报表

营维分析系统提供了丰富的报表功能，既支持固定常用的电站运营报表，也支持自

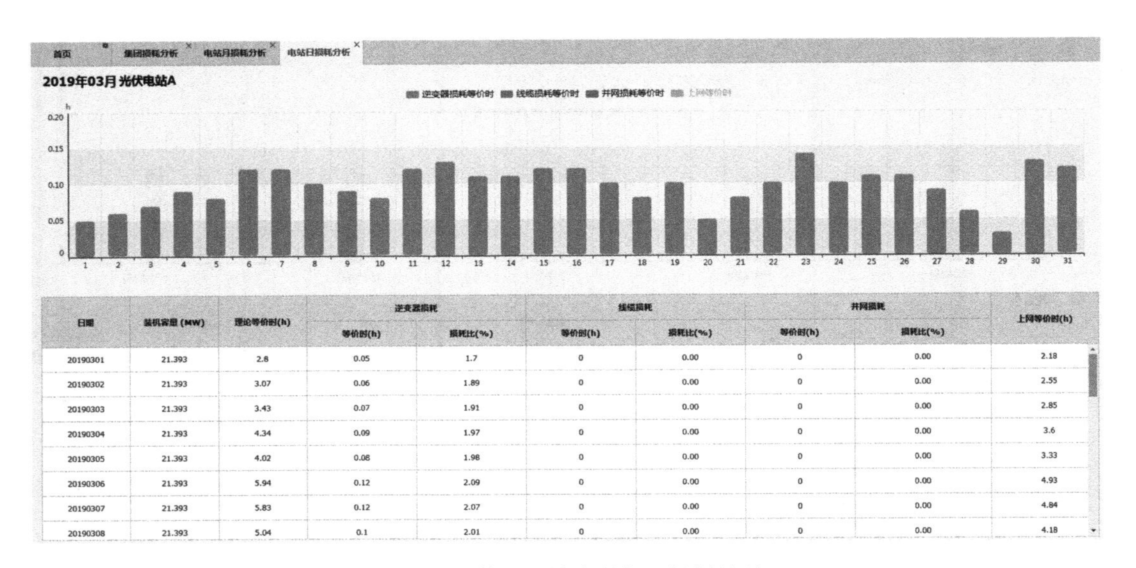

日期	装机容量（MW）	理论等价时(h)	逆变器损耗		线缆损耗		并网损耗		上网等价时(h)
			等价时(h)	损耗比(%)	等价时(h)	损耗比(%)	等价时(h)	损耗比(%)	
20190301	21.393	2.8	0.05	1.7	0	0.00	0	0.00	2.18
20190302	21.393	3.07	0.06	1.89	0	0.00	0	0.00	2.55
20190303	21.393	3.43	0.07	1.91	0	0.00	0	0.00	2.85
20190304	21.393	4.34	0.09	1.97	0	0.00	0	0.00	3.6
20190305	21.393	4.02	0.08	1.98	0	0.00	0	0.00	3.33
20190306	21.393	5.94	0.12	2.09	0	0.00	0	0.00	4.93
20190307	21.393	5.83	0.12	2.07	0	0.00	0	0.00	4.84
20190308	21.393	5.04	0.1	2.01	0	0.00	0	0.00	4.18

图 4-11　落后电站本月每日损耗情况

定义报表输出。找到报表管理，通过“集团运行报表”“电站环境对比报表”“电站运行报表”“电站运行对比报表”“设备运行报表”“电站基本信息”等完成日常工作中的报表获取。其中集团运行报表、电站运行报表、电站运行对比报表分别如图 4-12～图 4-14 所示。

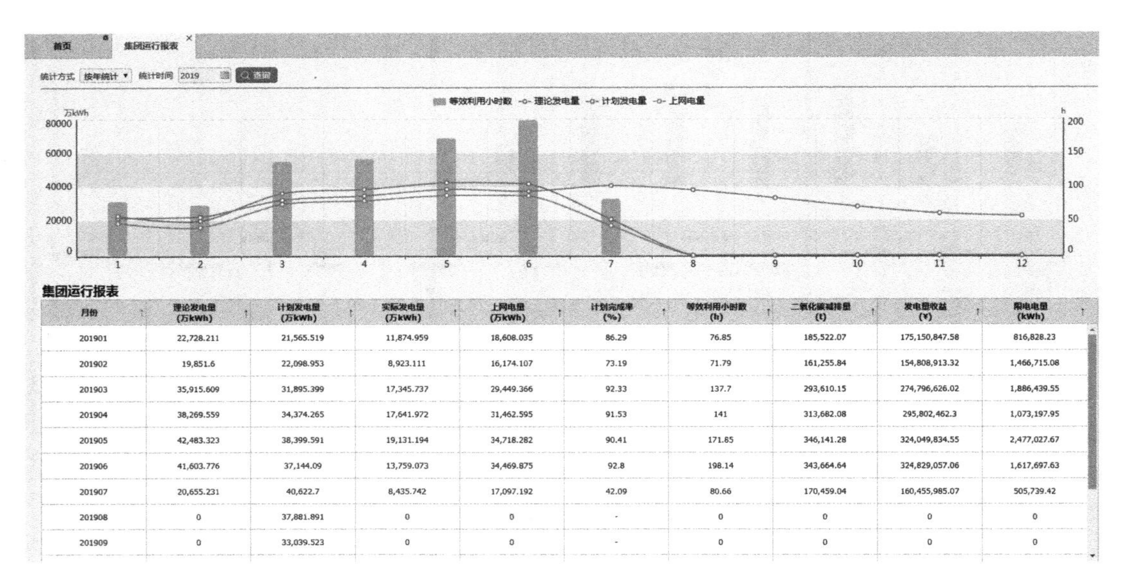

月份	理论发电量(万kWh)	计划发电量(万kWh)	实际发电量(万kWh)	上网电量(万kWh)	计划完成率(%)	等效利用小时数(h)	二氧化碳减排量(t)	发电量收益(¥)	限电电量(kWh)
201901	22,728.211	21,565.519	11,874.959	18,608.035	86.29	76.85	185,522.07	175,150,847.58	816,828.23
201902	19,851.6	22,098.953	8,923.111	16,174.107	73.19	71.79	161,255.84	154,808,913.32	1,466,715.08
201903	35,915.609	31,895.399	17,345.737	29,449.366	92.33	137.7	293,610.15	274,796,626.02	1,886,439.55
201904	38,269.559	34,374.265	17,641.972	31,462.595	91.53	141	313,682.08	295,802,462.3	1,073,197.95
201905	42,483.323	38,399.591	19,131.194	34,718.282	90.41	171.85	346,141.28	324,049,834.55	2,477,027.67
201906	41,603.776	37,144.09	13,759.073	34,469.875	92.8	198.14	343,664.64	324,829,057.06	1,617,697.63
201907	20,655.231	40,622.7	8,435.742	17,097.192	42.09	80.66	170,459.04	160,455,985.07	505,739.42
201908	0	37,881.891	0	0	-	0	0	0	0
201909	0	33,039.523	0	0	-	0	0	0	0

图 4-12　集团运行报表

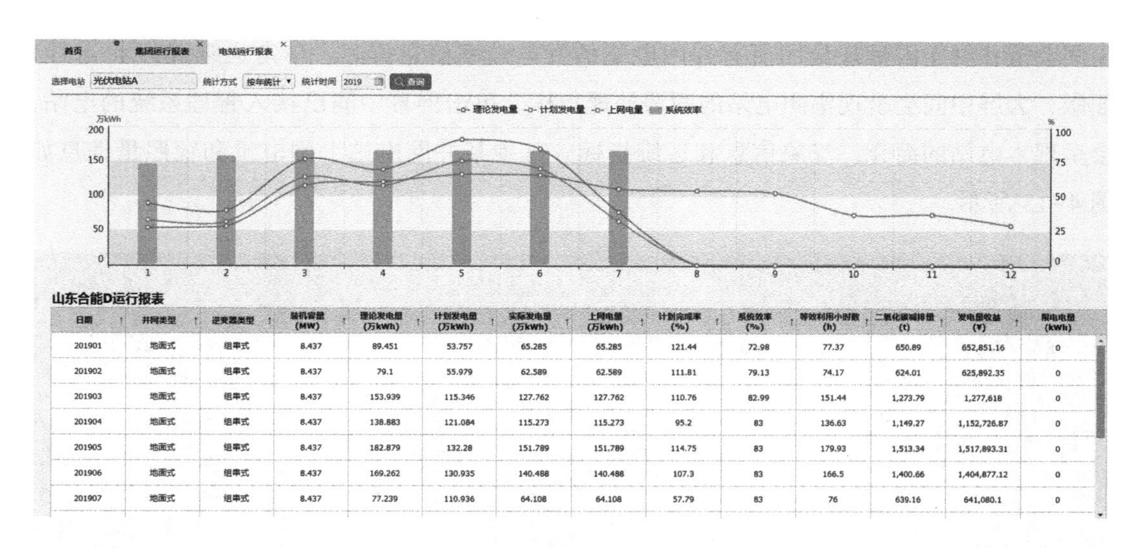

山东合能D运行报表

日期	并网类型	逆变器类型	装机容量(MW)	理论发电量(万kWh)	计划发电量(万kWh)	实际发电量(万kWh)	上网电量(万kWh)	计划完成率(%)	系统效率(%)	等效利用小时数(h)	二氧化碳减排量(t)	发电量收益(¥)	限电电量(kWh)
201901	地面式	组串式	8.437	89.451	53.757	65.285	65.285	121.44	72.98	77.37	650.89	652,851.16	0
201902	地面式	组串式	8.437	79.1	55.979	62.589	62.589	111.81	79.13	74.17	624.01	625,892.35	0
201903	地面式	组串式	8.437	153.939	115.346	127.762	127.762	110.76	82.99	151.44	1,273.79	1,277,618	0
201904	地面式	组串式	8.437	138.883	121.084	115.273	115.273	95.2	83	136.63	1,149.27	1,152,726.87	0
201905	地面式	组串式	8.437	182.879	132.28	151.789	151.789	114.75	83	179.93	1,513.34	1,517,893.31	0
201906	地面式	组串式	8.437	169.262	130.935	140.488	140.488	107.3	83	166.5	1,400.66	1,404,877.12	0
201907	地面式	组串式	8.437	77.239	110.936	64.108	64.108	57.79	83	76	639.16	641,080.1	0

图 4-13　电站运行报表

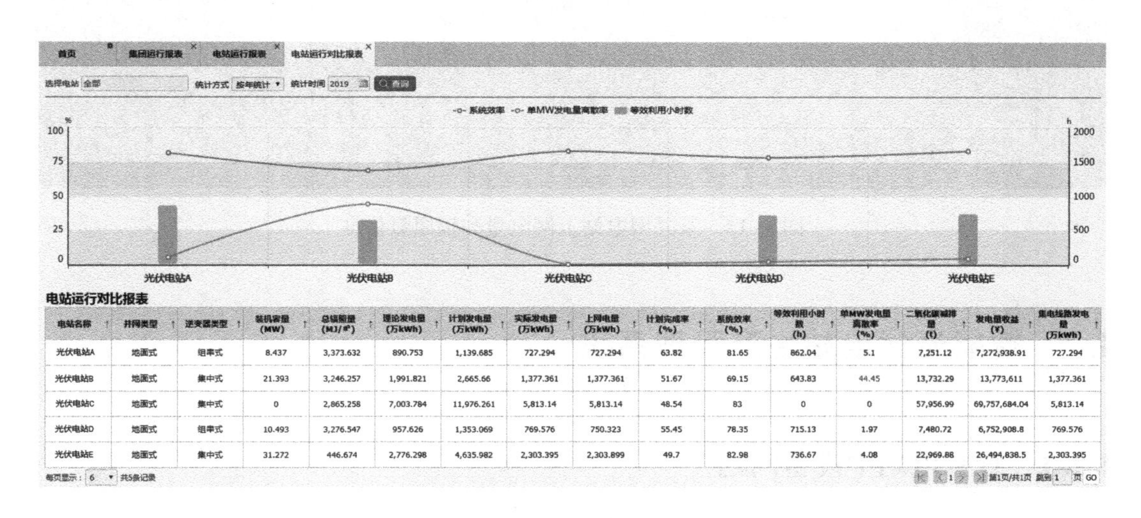

电站运行对比报表

电站名称	并网类型	逆变器类型	装机容量(MW)	总辐照量(MJ/㎡)	理论发电量(万kWh)	计划发电量(万kWh)	实际发电量(万kWh)	上网电量(万kWh)	计划完成率(%)	系统效率(%)	等效利用小时数(h)	单MW发电量离散率(%)	二氧化碳减排量(t)	发电量收益(¥)	集电线路发电量(万kWh)
光伏电站A	地面式	组串式	8.437	3,373.632	890.753	1,139.685	727.294	727.294	63.82	81.65	862.04	5.1	7,251.12	7,272,938.91	727.294
光伏电站B	地面式	集中式	21.393	3,246.257	1,991.821	2,665.66	1,377.361	1,377.361	51.67	69.15	643.83	44.45	13,732.29	13,773,611	1,377.361
光伏电站C	地面式	集中式	0	2,865.258	7,003.784	11,976.261	5,813.14	5,813.14	48.54	83	0	0	57,956.99	69,757,684.04	5,813.14
光伏电站D	地面式	组串式	10.493	3,276.547	957.626	1,353.069	769.576	750.323	55.45	78.35	715.13	1.97	7,480.72	6,752,908.8	769.576
光伏电站E	地面式	集中式	31.272	446.674	2,776.298	4,635.982	2,303.395	2,303.899	49.7	82.98	736.67	4.08	22,969.88	26,494,838.5	2,303.395

每页显示：6　共5条记录　第1页/共1页　跳到 1 页 GO

图 4-14　电站运行对比报表

4.1.4　查看集团大屏

集团大屏呈现了集团下所有电站的地理位置、状态和运营指标等信息，供领导层对电站运营决策提供数据支持。

单击集团当月上网电量面板，大屏中间会呈现集团并网电站截止到昨日的当月上网电量和辐照量信息。单击上网电量年计划完成情况面板，大屏中间会呈现集团并网电站本年度和每个月的发电量计划完成情况。单击电站建设面板，大屏中间会呈现集团并网已建和规划电站的电站类型、装机容量和经纬度信息。单击电站 PR（当月）面板，大屏中间会按并网年限呈现集团所有并网电站的发电效率信息排名。单击运维统计（当月）面版，大屏中间会呈现集团电站的两票处理指标。单击屏幕中间已接入管理系统的电站，会呈现本电站的简介、气象信息和运维指标。其中某并网电站上网电量和辐照量信息如图 4-15 所示。

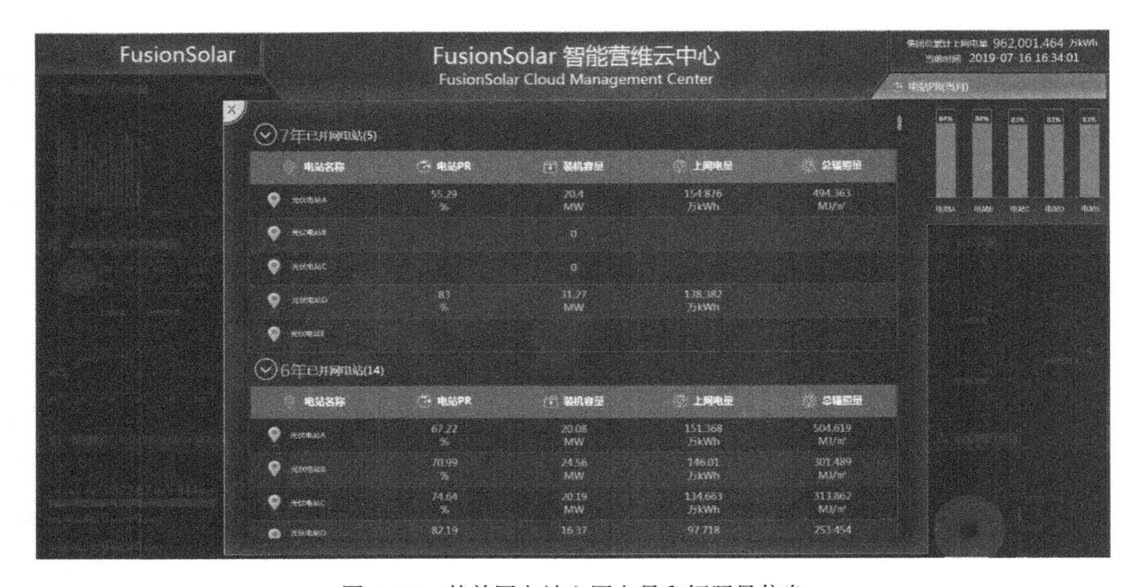

图 4-15　某并网电站上网电量和辐照量信息

4.2　智能光伏电站生产管理系统

4.2.1　查看电站中设备问题

1. 生产管理系统首页信息

生产管理系统中提供告警管理模块，能够将监控系统上报的设备告警、越限告警，以及生产管理系统进行数据分析后发现的落后告警进行统一呈现和管理，如图 4-16 所示。

2. 告警模块

生产管理系统首页可看到告警条数，单击未处理告警可查看详细告警信息。在未处理告警页面可分别查看设备告警、越限告警和落后告警三类活动的告警。其中设备告警和越限告警可在电站监控系统中查看，落后告警中呈现了电站中功率偏低的逆变器以及直流汇流箱问题。

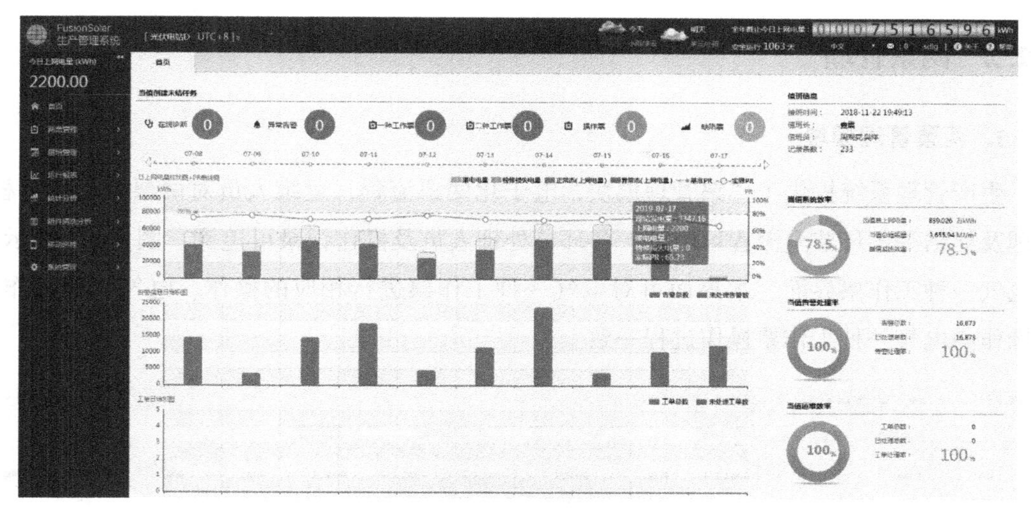

图 4-16　生产管理系统首页

生产管理系统的告警均由智能光伏电站监控系统上报。用户可以针对不同的告警采取不同的处理方式，包括清除告警、确认告警、转缺陷、转一种工作票以及转二种工作票。未处理告警界面如图 4-17 所示。

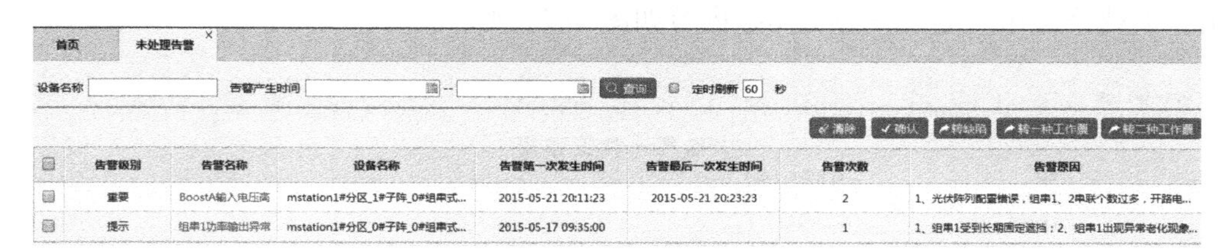

告警级别	告警名称	设备名称	告警第一次发生时间	告警最后一次发生时间	告警次数	告警原因
重要	BoostA输入电压高	mstation1#分区_1#子阵_0#组串式...	2015-05-21 20:11:23	2015-05-21 20:23:23	2	1、光伏阵列配置错误，组串1、2串联个数过多，开路电...
提示	组串1功率输出异常	mstation1#分区_0#子阵_0#组串式...	2015-05-17 09:35:00		1	1、组串1受到长期固定遮挡；2、组串1出现异常老化现象...

图 4-17　未处理告警

处理中告警界面显示正在处理的告警列表，如图 4-18 所示。

告警级别	告警名称	设备名称	告警第一次发生时间	告警最后一次发生时间	告警次数	告警处理时间	告警原因	关联业务
重要	逆变输出电容电压...	mstation1#分区_...	2015-05-22 08:36:03		1	2015-05-22 15:24:14	电网电压急剧降低或者短路...	查看转二种工作票
重要	设备通讯中断	mstation1#分区_...	2015-05-22 08:53:49	2015-05-22 12:36:45	3	2015-05-22 15:24:10		查看转一种工作票
重要	系统故障	mstation1#分区_...	2015-05-22 09:27:56		1	2015-05-22 15:24:06	1、逆变器内部电路产生不...	查看转二种工作票
提示	48V电源2故障	mstation1#分区_...	2015-05-22 09:28:41		1	2015-05-22 15:24:02		查看转一种工作票

图 4-18　处理中告警

已处理告警界面显示已经处理完成的告警列表，如图 4-19 所示。

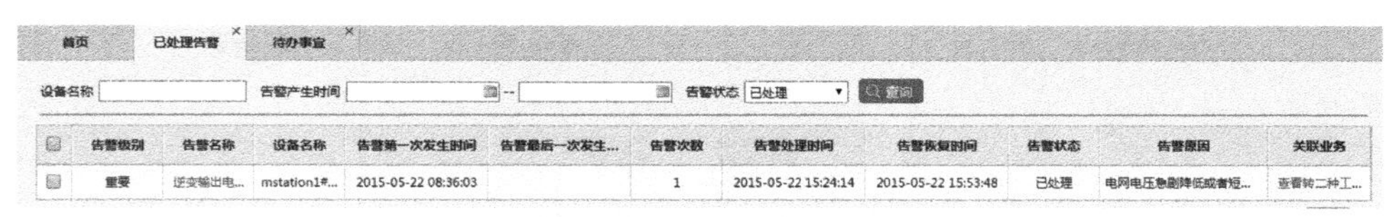

告警级别	告警名称	设备名称	告警第一次发生时间	告警最后一次发生...	告警次数	告警处理时间	告警恢复时间	告警状态	告警原因	关联业务
重要	逆变输出电...	mstation1#...	2015-05-22 08:36:03		1	2015-05-22 15:24:14	2015-05-22 15:53:48	已处理	电网电压急剧降低或者短...	查看转二种工...

图 4-19　已处理告警

4.2.2 两票管理

1. 两票管理模块

生产管理系统提供工作票管理模块，电子化两票流程，运维人员对两票申请、审核、处理及终结等各环节全流程可跟踪，各环节处理人员及操作记录可追溯。图 4-20 显示查询电气一种工作票界面，本界面可对电气一种工作票进行相应的操作。电气二种工作票的操作与电气一种工作票操作过程一致。

首页　电气一种工作票　电气二种工作票

编号　工作负责人　实际开始时间　--　工作票结果　查询

	编号	工作负责人	实际开始时间	实际结束时间	处理时长	工作任务	创建时间	流程状态	当前处理人	告警	查看	检修交代	审核
	201610190001	查震	2016-10-19 17:11:02	2016-10-19 17:56:14	0.753h	做1到4号箱变高压...	2016-10-19 17:10:50	已终结			详细信息	查看	
	201609070002	111	2016-09-07 08:30:57	2016-10-13 09:53:50	865.381h	设备检修	2016-09-07 08:30:07	已终结			详细信息	查看	
	201609070001	11	2016-09-07 08:16:49	2016-10-03 09:27:34	625.179h	1111	2016-09-07 08:16:42	作废			详细信息	查看	

图 4-20　电气一种工作票界面

启动工作票流程后，选择日常办公下的待办事宜，进行工作票的新建、填写、流程导出和下载等操作。电气一种工作票内容如图 4-21 所示。

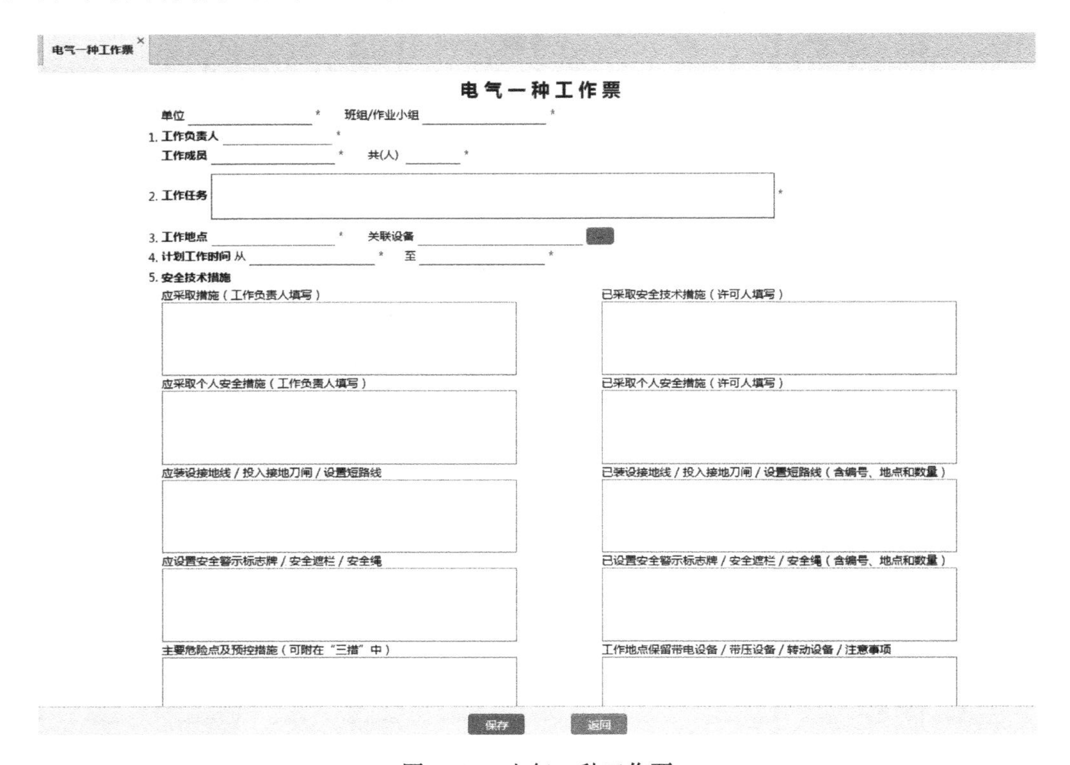

电气一种工作票

电气一种工作票

单位 ______ *　班组/作业小组 ______ *

1. 工作负责人 ______ *

　工作成员 ______ *　共(人) ______ *

2. 工作任务 ______ *

3. 工作地点 ______ *　关联设备 ______

4. 计划工作时间 从 ______ *　至 ______ *

5. 安全技术措施

应采取措施（工作负责人填写）

已采取安全技术措施（许可人填写）

应采取个人安全措施（工作负责人填写）

已采取个人安全措施（许可人填写）

应装设接地线 / 投入接地刀闸 / 设置短路线

已装设接地线 / 投入接地刀闸 / 设置短路线（含编号、地点和数量）

应设置安全警示标志牌 / 安全遮栏 / 安全绳

已设置安全警示标志牌 / 安全遮栏 / 安全绳（含编号、地点和数量）

主要危险点及预控措施（可附在"三措"中）

工作地点保留带电设备 / 带压设备 / 转动设备 / 注意事项

保存　返回

图 4-21　电气一种工作票

2. 操作票管理模块

操作票新增时按照操作票新增规则填写信息并保存即可。操作票启动流程后出现该操作票的唯一识别编号，可以在待办事项中进行该操作票流程操作并能查看流程图。操作票信息和查询操作票界面如图 4-22 和图 4-23 所示。

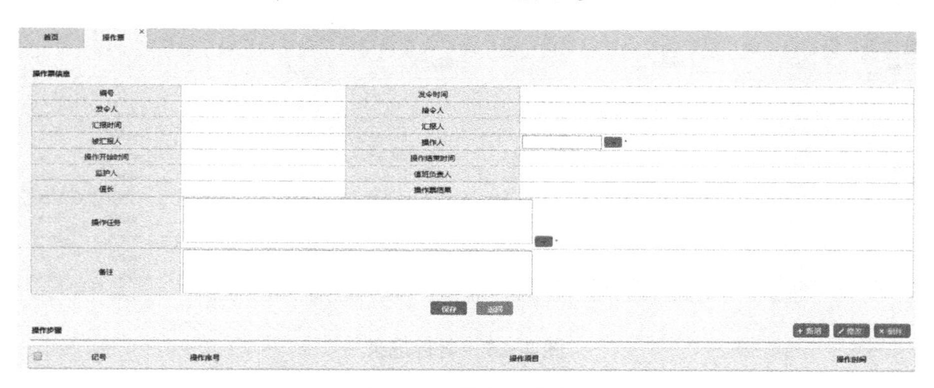

图 4-22　操作票信息

首页　操作票

编号 ______ 实际开始时间 ______ -- ______ 操作任务 ______ 查询

	编号	实际开始时间	实际结束时间	处理时长	操作任务	创建时间	流程状态	当前处理人	查看	审核
	201611020001	2016-11-02 15:07...	2016-11-03 15:54...	24.779h	将汇集一线381开关由冷备用改为运行	2016-11-02 15:06:43	已放弃		详细信息	
	201610200002	2016-10-20 13:42...	2016-10-20 13:51...	0.152h	将汇集一线381开关由冷备用改为运行	2016-10-20 13:32:30	已终结		详细信息	
	201610200001	2016-10-20 10:19...	2016-10-20 13:29...	3.156h	光伏进线汇集381开关由冷备用改为运行	2016-10-20 10:18:56	已终结		详细信息	
	201610190001	2016-10-19 20:40...	2016-10-19 20:46...	0.109h	汇集一线381开关由冷备用改检修	2016-10-19 20:39:56	已终结		详细信息	
	201610190002	2016-10-19 20:40...	2016-10-19 20:47...	0.119h	将汇集一线381开关由运行改冷备用	2016-10-19 20:35:10	已终结		详细信息	
	201610130001	2016-10-13 12:05...	2016-10-13 12:11...	0.094h	将晶科396线由冷备用改为检修	2016-10-13 12:05:11	已终结		详细信息	
	201609070001	2016-09-07 08:20...	2016-11-02 19:40...	1355.328h	设备整理	2016-09-07 08:20:36	已放弃		详细信息	

图 4-23　查询操作票界面

4.2.3　交接班管理

1. 交接班管理模块

生产管理系统提供交接班管理模块，供不同班组交接班时在系统中进行记录，方便留存运维班组情况，如图 4-24 所示。

首页　交接班管理

接班值长	接班时间	交班时间	班次	值班状态	交班记录	值班组员	设备状况	描述	值长日志	查看
接班长	2018-11-22 19:49:13		运维	交班中	一、加强安保、消防工...	值班员A、值班员B	设备运行正常	设备运行正常，文明卫...	17106	详细信息
接班长	2018-10-31 19:47:47	2018-11-22 19:49:12	运维	已完成	1、组件、支架紧固 2...	值班员A、值班员B	设备运行正常	设备运行正常，各项工...	1325	详细信息
接班长	2018-10-18 18:27:28	2018-10-31 19:47:46	运维	已完成	一、阜宁晶能海盛隆民...	值班员A、值班员B	设备运行正常，...	设备运行正常，安全工...	1379	详细信息
------	2018-09-15 09:24:43	2018-10-18 18:27:27	运维	已完成	1、除草工作基本结束...	------	设备运行正常。	各项工作按计划正常开...	4884	详细信息
------	2018-08-31 09:53:59	2018-09-15 09:24:42	运维	已完成	一、文明卫生工作认真...	------	设备运行正常，...	设备运行正常。	6106	详细信息
------	2018-08-15 11:06:56	2018-08-31 09:53:58	运维	已完成	各项工作正常开展。	------	设备运行正常。	安全工器具齐全，设备...	10659	详细信息
------	2018-08-01 20:05:37	2018-08-15 11:06:55	运维	已完成	一、文明卫生工作认真...	------	各设备运行正常...	安全工器具齐全，设备...	2340	详细信息
------	2018-07-17 19:19:35	2018-08-01 20:05:36	运维	已完成	一、本年度第二次除草...	------	设备运行正常，...	设备运行正常，文明卫...	1175	详细信息
------	2018-07-01 22:36:35	2018-07-17 19:19:34	运维	已完成	一、做好高温季节测温...	------	设备运行正常，...	设备运行正常，电气设...	3603	详细信息
------	2018-06-16 19:44:09	2018-07-01 22:36:34	运维	已完成	一、近期开展本年度第...	------	设备运行正常	电气安全工器具齐全，...	2708	详细信息

图 4-24　交接班管理

2. 运行记录模块

生产管理系统可以查看运行记录，如图 4-25 所示。查看运行记录详情如图 4-26 所示。

值班人	记录类型	开始时间	结束时间	记录内容	描述	记录时间	数据来源	查看
值班人	工作安排	2019-07-16 05:12:53	2019-07-16 19:12:53	7月16日 天气：多云 日上网：4.3400万kwh ...	7月16日 天气：多云 日上网：4.3400万kwh ...	2019-07-16	生产管理系统	详细信息
值班人	工作安排	2019-07-15 05:26:32	2019-07-15 19:26:32	7月15日 天气：多云 日上网：4.8580万kwh ...	7月15日 天气：多云 日上网：4.8580万kwh ...	2019-07-15	生产管理系统	详细信息
值班人	工作安排	2019-07-14 05:27:54	2019-07-14 19:27:54	7月14日 天气：多云 日上网：4.8440万kwh ...	7月14日 天气：多云 日上网：4.8440万kwh ...	2019-07-14	生产管理系统	详细信息
值班人	工作安排	2019-07-12 05:05:07	2019-07-12 19:05:07	7月12日 天气：多云转阴 日上网：2.4920万...	7月12日 天气：多云转阴 日上网：2.4920万...	2019-07-12	生产管理系统	详细信息
------	工作安排	2019-07-10 05:52:10	2019-07-10 18:52:10	7月10日 天气：多云 日上网：4.6340万kwh ...	7月10日 天气：多云 日上网：4.6340万kwh ...	2019-07-10	生产管理系统	详细信息
------	工作安排	2019-07-09 06:15:05	2019-07-09 19:15:05	7月9日 天气：阴转多云 日上网：3.2900万k...	7月9日 天气：阴转多云 日上网：3.2900万k...	2019-07-09	生产管理系统	详细信息
------	工作安排	2019-07-08 05:15:38	2019-07-08 19:24:38	7月8日 天气：多云 日上网：4.1160万kwh ...	7月8日 天气：多云 日上网：4.1160万kwh ...	2019-07-08	生产管理系统	详细信息
------	工作安排	2019-07-07 05:41:51	2019-07-07 18:41:51	7月7日 天气：多云 日上网：4.2700万kwh ...	7月7日 天气：多云 日上网：4.2700万kwh ...	2019-07-07	生产管理系统	详细信息
------	工作安排	2019-07-06 05:15:28	2019-07-06 16:45:28	7月6日 天气：阴转小雨 日上网：3.8780万k...	7月6日 天气：阴转小雨 日上网：3.8780万k...	2019-07-06	生产管理系统	详细信息

图 4-25　运行记录

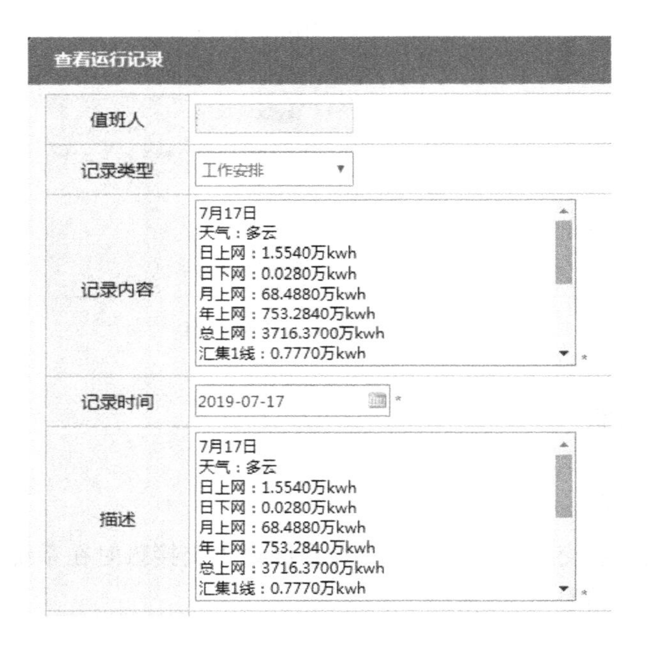

图 4-26　查看运行记录详情

4.2.4 查看电站的发电量报表

生产管理系统提供生产运行日报表、生产运行月报表及生产运行年报表，供电站运维人员按日、月、年，查看电站发电运行指标。当关口表数据接入系统后，上网电量指标显示的是电站每日关口表的上网电量，可以减轻运维人员每日抄表的工作量。

1. 电站生产运行日报

生产运行统计指标日报主要显示被查询当日的发电量、PR 等指标，见表 4-1。

表 4-1 生产运行统计指标

统计指标名称		统 计 值	单 位	统 计 时 间
电站规模及环境参数	装机容量	10.493	MW	2019-07-17 01:01:13
	逆变器数	301	台	2019-07-17 01:01:13
	总辐照量	19.904	MJ/m^2	2019-07-17 01:01:13
	最大瞬时辐射	977.00	W/m^2	2019-07-17 01:01:13
	峰值日照时长	5.53	h	2019-07-17 01:01:13
	水平面辐照量	21.20	MJ/m^2	2019-07-17 01:01:13
	组件温度	28.81	℃	2019-07-17 01:01:13
	温度	26.46	℃	2019-07-17 01:01:13
	风速	4.00	m/s	2019-07-17 01:01:13
效率指标	理论发电量	57999.21	kWh	2019-07-17 01:01:13
	总发电量	44400.33	kWh	2019-07-17 01:01:13
	累计发电量	37982.490	MWh	2019-07-17 01:01:13
	峰值功率	7531.45	kW	2019-07-17 01:01:13
	负荷率	71.78	%	2019-07-17 01:01:13
	上网电量	43404.00	kWh	2019-07-17 01:01:13
	等效利用小时数（PPR）	4.14	h	2019-07-17 01:01:13
	计划完成率	111.22	%	2019-07-17 01:01:13
	系统效率（PR）	74.84	%	2019-07-17 01:01:13
	标准系统效率（PRstc）	74.76	%	2019-07-17 01:01:13
	转换效率	98.75	%	2019-07-17 01:01:13
	线缆损耗	0.00	kWh	2019-07-17 01:01:13
	单 MW 发电量	4136.60	kWh	2019-07-17 01:01:13
	回路发电量	-	kWh	2019-07-17 01:01:13
	网馈电量	0.00	kWh	2019-07-17 01:01:13
	发电厂用电量	-	kWh	2019-07-17 01:01:13
	非生产用电量	-	kWh	2019-07-17 01:01:13
	厂损电量	-	kWh	2019-07-17 01:01:13
	综合厂用电量	996.33	kWh	2019-07-17 01:01:13
	厂损率	-	%	2019-07-17 01:01:13
	发电厂用电率	-	%	2019-07-17 01:01:13
	非生产用电率	-	%	2019-07-17 01:01:13
	综合厂用电率	2.24	%	2019-07-17 01:01:13

（续）

统计指标名称		统 计 值	单 位	统 计 时 间
效率指标	在网时长	0.00	h	2019-07-17 01:01:13
	站用电量	-	kWh	2019-07-17 01:01:13
	供电量	43404.00	kWh	2019-07-17 01:01:13
	厂用电量	996.33	kWh	2019-07-17 01:01:13
	直流输入总电量	44961.82	kWh	2019-07-17 01:01:13
性能一致性指标	单 MW 发电量标准方差	142.48		2019-07-17 01:01:13
	单 MW 发电量离散率	3.370	%	2019-07-17 01:01:13
维护类指标	失效发电量损失统计（故障）	0.00	kWh	2019-07-17 01:01:13
	限电电量	0.00	kWh	2019-07-17 01:01:13
	并网时长	0.00	h	2019-07-17 01:01:13
	关机时长	0.00	h	2019-07-17 01:01:13
	限电时长	0.00	h	2019-07-17 01:01:13
	故障时长	0.00	h	2019-07-17 01:01:13
	检修时长	-	h	2019-07-17 01:01:13
	检修损失电量	-	kWh	2019-07-17 01:01:13
	设备损失电量	0.00	kWh	2019-07-17 01:01:13
	站内损耗率	0.00	%	2019-07-17 01:01:13
可靠性指标	光伏组串故障率	0.00	%	2019-07-17 01:01:13
	逆变器故障率	0.00	%	2019-07-17 01:01:13
环境效益指标	二氧化碳减排量	43.274	吨	2019-07-17 01:01:13
	标准煤节省量	17.360	吨	2019-07-17 01:01:13
	发电量收益	39063.60	￥	2019-07-17 01:01:13

通过上表这些电站性能 KPI 指标，可以判断本电站的运行状态是否良好。内容如下所述。

1）“装机容量”“逆变器数”和电站实际情况要进行对比，确认是否准确。

2）“总辐照量”“最大瞬时辐射”“峰值日照时长”“温度”“风速”等指标反映了电站环境情况，也可以通过这些指标判断环境监测仪是否准确。

3）“总发电量”“上网电量”反映电站的收益情况。

4）“系统效率 PR”反映电站的运行状态，同时也是电站对比分析的主要指标之一。

5）“等效利用小时数 PPR”“单 MW 发电量”是电站评估的重要指标。

6）“峰值功率”“负荷率”表示电站峰值功率时的情况。

7）“转换效率”反应逆变器的工作效率，目前经验值 98%左右，过大、过小都说明可能存在问题。

8）“单 MW 发电量离散率”反映逆变器归一化发电量一致性，经验值不超过 5%，如果此值过大，说明某些逆变器发电量较低。

9）如果“光伏组串故障率”“逆变器故障率”这两个值不是 0，说明存在故障，需要分析。

在电站发电量日对比分析页面，显示电站当日接入容量、日发电量、单台逆变器最大功率等同比、环比情况，达到数据观测的效果。电站日分析报表见表 4-2。

表 4-2　电站日分析报表

日期	2019-07-16	天气	多云/小雨	天气类别	-	温度类别	
方阵	接入容量/kW	日发电量/kWh	单台逆变器最大功率/kW	单台逆变器发电量/kWh		等效利用小时数/h	逆变器台数/台
				最大	最小		
1#子阵	1049.40	4312.32	01-21#逆变器 26.59	01-23#逆变器 151.34	01-17#逆变器 115.34	4.11	30
10#子阵	1049.40	4284.89	10-20#逆变器 25.46	10-02#逆变器 150.42	10-30#逆变器 127.28	4.08	30
2#子阵	1049.40	4451.55	02-27#逆变器 26.50	02-27#逆变器 152.66	02-07#逆变器 141.19	4.24	30
3#子阵	1049.40	4456.44	03-11#逆变器 25.83	03-20#逆变器 152.01	03-18#逆变器 141.85	4.25	30
4#子阵	1049.29	4527.66	04-18#逆变器 26.60	04-11#逆变器 155.01	04-23#逆变器 146.78	4.31	30
5#子阵	1049.40	4575.58	05-11#逆变器 26.84	05-11#逆变器 155.67	05-30#逆变器 148.79	4.36	30
6#子阵	1035.54	4460.80	06-09#逆变器 26.16	06-19#逆变器 152.02	06-15#逆变器 142.02	4.31	30
7#子阵	1037.41	4389.70	07-19#逆变器 25.59	07-08#逆变器 150.53	07-22#逆变器 138.15	4.23	30
8#子阵	1074.48	4540.17	08-23#逆变器 25.29	08-05#逆变器 150.07	08-31#逆变器 124.22	4.23	31
9#子阵	1048.96	4401.22	09-10#逆变器 25.42	09-10#逆变器 151.12	09-29#逆变器 132.13	4.20	30
合计	10492.68	44400.33					301

2. 电站生产运行月报

生产运行月报主要显示被查询月份的发电量、PR 值等指标，如图 4-27 所示。

首页 生产运行月报 电量月统计报表

查询年月 2019-07 查询

2019年07月 生产运行统计指标月报

统计指标名称		统计值	单位	统计时间
电站规模及环境参数	装机容量	10.493	MW	2019-07-17 10:01:15
	逆变器数	301	台	2019-07-17 10:01:15
	安装角度	30.00	°	2019-07-17 10:01:15
	组件布置方式	纵向		2019-07-17 10:01:15
	总辐照量	315.065	MJ/㎡	2019-07-17 10:01:15
	最大瞬时辐射	1225.00	W/㎡	2019-07-17 10:01:15
	峰值日照时长	87.52	h	2019-07-17 10:01:15
	水平面辐照量	335.79	MJ/㎡	2019-07-17 10:01:15
	组件温度	28.10	℃	2019-07-17 10:01:15
	温度	25.53	℃	2019-07-17 10:01:15
	风速	3.09	m/s	2019-07-17 10:01:15

图 4-27　生产运行月报

电量月统计报表如图 4-28 所示。

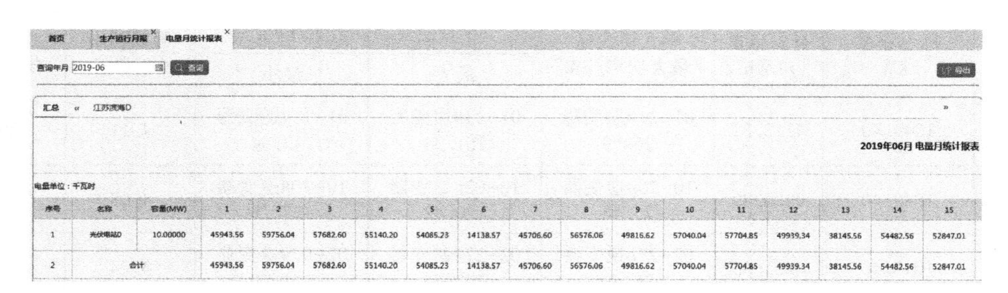
首页 生产运行月报 电量月统计报表

查询年月 2019-06 查询 导出

汇总 « 江苏滨海D »

2019年06月 电量月统计报表

电量单位：千瓦时

序号	名称	容量(MW)	1	2	3	4	5	6	7	8	9	10	11	12	13	14	15
1	光伏电站D	10.00000	45943.56	59756.04	57682.60	55140.20	54085.23	14138.57	45706.60	56576.06	49816.62	57040.04	57704.85	49939.34	38145.56	54482.56	52847.01
2	合计		45943.56	59756.04	57682.60	55140.20	54085.23	14138.57	45706.60	56576.06	49816.62	57040.04	57704.85	49939.34	38145.56	54482.56	52847.01

图 4-28　电量月统计报表

3. 电站生产运行年报

生产运行年报主要显示被查询年份的发电量、PR 等指标，如图 4-29 所示。

首页 生产运行年报 电量指标统计分析

查询年份 2019 查询

2019年 生产运行统计指标年报

统计指标名称		统计值	单位	统计时间
电站规模及环境参数	装机容量	10.493	MW	2019-07-17 10:03:18
	逆变器数	301	台	2019-07-17 10:03:18
	安装角度	30.00	°	2019-07-17 10:03:18
	组件布置方式	纵向		2019-07-17 10:03:18
	总辐照量	3283.103	MJ/㎡	2019-07-17 10:03:18
	最大瞬时辐射	1255.00	W/㎡	2019-07-17 10:03:18
	峰值日照时长	911.97	h	2019-07-17 10:03:18
	水平面辐照量	3139.94	MJ/㎡	2019-07-17 10:03:18
	组件温度	69.99	℃	2019-07-17 10:03:18
	温度	13.79	℃	2019-07-17 10:03:18
	风速	3.36	m/s	2019-07-17 10:03:18

图 4-29　生产运行年报

电量指标统计分析支持连续两年电站按总辐照量、总发电量、上网电量进行对比，如图 4-30 所示。

首页　生产运行年报　电量指标统计分析

查询年份 2019　查询

电量年度对比分析

月份	2018年			2019年								
	数值			数值			同比			环比		
	总辐照量 (MJ/m²)	总发电量 (kWh)	上网电量 (kWh)	总辐照量 (MJ/m²)	总发电量 (kWh)	上网电量 (kWh)	辐照同比 (%)	发电同比 (%)	上网同比 (%)	辐照环比 (%)	发电环比 (%)	上网环比 (%)
一月	343.116	831958.27	808792.00	364.226	885383.26	861528.00	6.15	6.42	6.52	-	-	-
二月	423.166	1090941.08	1061034.00	298.836	733820.50	713396.00	-29.38	-32.74	-32.76	-17.95	-17.12	-17.19
三月	504.889	1263307.84	1234876.00	599.821	1468901.42	1432426.00	18.80	16.27	16.00	100.72	100.17	100.79
四月	587.351	1349238.21	1315592.00	515.902	1231340.06	1199858.00	-12.16	-8.74	-8.80	-13.99	-16.17	-16.24
五月	440.006	996289.28	972096.00	583.531	1346524.63	1313956.00	32.62	35.15	35.17	13.11	9.35	9.51
六月	559.206	1285081.36	1254616.00	605.722	1355807.37	1324100.00	8.32	5.50	5.54	3.80	0.69	0.77
七月	559.336	1244686.01	1213038.00	315.065	688985.17	672896.00	-43.67	-44.65	-44.53	-47.99	-49.18	-49.18
八月	603.367	1360787.50	1327584.00									
九月	524.419	1167329.96	1139110.00									
十月	516.942	1406193.60	1372284.00									
十一月	319.658	753042.77	732754.00									
十二月	292.324	709717.68	690286.00									
总计/平均	5673.780	13458573.56	13122062.00	3283.103	7710762.41	7518160.00	-2.76	-3.26	-3.27	6.28	4.62	4.74

图 4-30　电量指标统计分析

4.2.5　通过发电效率 PR 对电站进行分析

1. 查看上网电量及电站 PR

生产管理系统首页提供电站上网电量及 PR 的按日呈现，使运维人员便于查询电站发电效率情况。如图 4-31 所示可以看到 7 月 8 日～17 日发电量柱状体均显示为红色，说明 PR 没有达到预期，需要对 PR 低的原因进行分析。

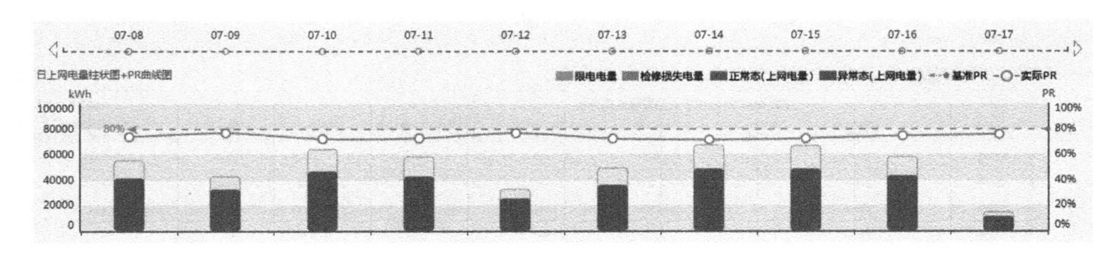

图 4-31　查看上网电量及电站 PR

影响发电效率 PR 计算结果的因素有装机容量、辐照量和上网电量。装机容量可查看生产日报，确认电站装机容量是否录入准确。辐照量可查看日负荷曲线图，通过分析峰值辐照强度是否合理、辐照强度与电站功率趋势图是否合理，初步判断辐照量是否有问题。

从上图发现 7 月 16 日 PR 最低，查看该日的日负荷曲线界面，分析 PR 低的原因是否与辐照强度有关，如图 4-32 所示。

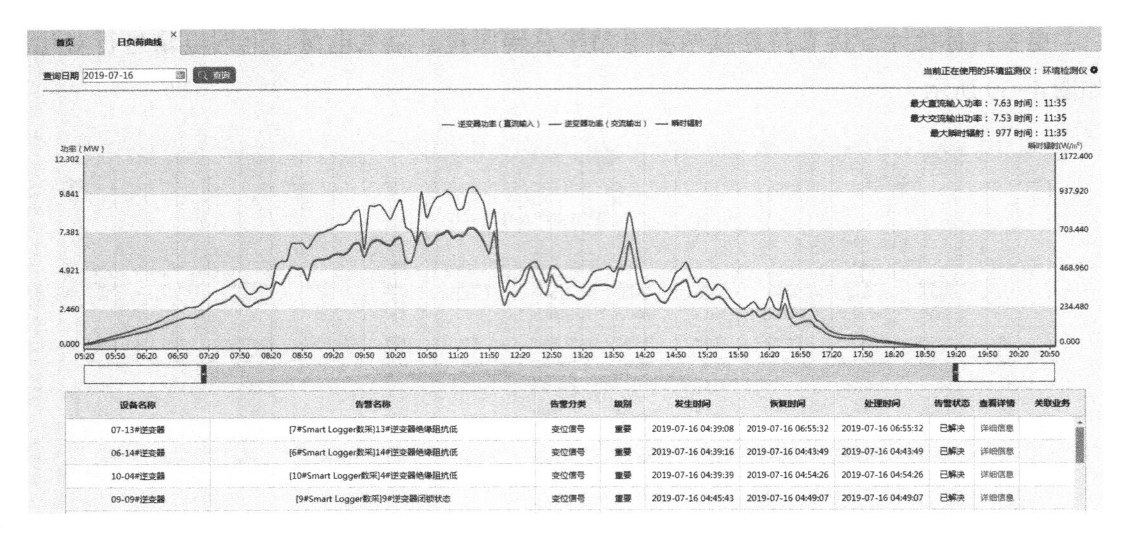

图 4-32　日负荷曲线界面

通过图 4-33 对比发现，辐照强度和电站功率趋势基本一致，且无重大告警影响发电量，排除辐照量、告警等因素，继续对落后发电单元进行分析。

2. 查看电站中的落后发电单元

逆变器运行状态情况决定了光伏电站的发电情况。快速定位低效逆变器组串，挽回低效损失发电量是提升电站发电量的重要手段。

在低效发电单元分析界面，查询某天低效发电单元的分析结果，如图 4-33 所示。可以看到，2019 年 7 月 16 日以下几个逆变器均是低效发电单元，共损失发电量 96. 89 kWh。

首页　日负荷曲线　低效发电单元分析

查询时间 2019-07-16　查询　导出

2019年07月16日 低效发电单元分析　逆变器低效门限：90%

名称	理论发电量 (kWh)	标杆发电量 (kWh)	总发电量 (kWh)	等效利用小时数 (h)	平均等效利用小时数 (h)	系统效率（PR）(%)	转换效率 (%)	低效发电量损失统计 (kWh)
01-17#逆变器	193.40	-	115.34	3.30	4.11	59.64	98.61	28.33
01-12#逆变器	193.40	-	122.32	3.50	4.11	63.25	98.63	21.34
01-15#逆变器	193.40	-	126.74	3.62	4.11	65.53	98.70	17.14
10-30#逆变器	193.40	-	127.28	3.64	4.08	65.81	98.70	15.39
09-29#逆变器	193.40	-	132.13	3.78	4.20	68.32	98.74	14.69

图 4-33　低效发电单元分析

以 01-15#逆变器为例，从上图可得知逆变器的 PR 值为 63. 53%，说明存在问题。通过图 4-34 组串式逆变器的运行报表，得知逆变器转换效率为 98. 70%，说明逆变器自身没有问题；而组串离散率为 23. 548%，说明下挂组串存在问题。

首页　组串式逆变器运行报表

报表级别 日报　查询时间 2019-07-16　是否分析 全部　离散率 全部　查询　导出

2019年07月16日 组串式逆变器运行日报

名称	日发电量 (kWh)	转换效率 (%)	等效利用小时数（PPR）(h)	最大交流功率 (kW)	最大直流功率 (kW)	组串离散率 (%)↓	生产偏差（YD）(%)	生产可靠度（AoP）(%)	是否分析	组串1	组串
01-15#逆变器	126.74	98.70	3.62	21.71	22.06	23.548	-16.97	-	已分析	3.20	6.70
01-12#逆变器	122.32	98.63	3.50	21.42	21.75	19.075	-19.72	-	已分析	7.60	5.60
09-29#逆变器	132.13	98.74	3.78	22.24	22.48	17.400	-13.30	-	已分析	7.00	7.20
10-19#逆变器	135.99	98.73	3.89	22.93	23.24	15.676	-10.78	-	已分析	4.30	7.10
01-14#逆变器	130.81	98.67	3.74	22.79	22.97	15.088	-14.22	-	已分析	5.90	5.30
08-20#逆变器	134.64	98.64	3.92	23.19	23.50	13.423	-10.09	-	已分析	7.40	6.90
01-13#逆变器	137.47	98.66	3.93	24.06	24.31	12.846	-9.86	-	已分析	5.50	7.50

图 4-34　组串式逆变器运行报表

3. 查找电站中的问题组串

组串是非智能器件，不会上报状态信息，但是通过逆变器侧组串的功率，进行组串离散率分析，可以判断出组串的运行状态。

从图 4-35 逆变器组串电流离散率界面，可以查到所选日期的组串离散率、电流、功率情况。单击组串离散率柱状图，呈现离散率在该统计区间的数量和逆变器列表。查看离散率大于 20%的所有逆变器，例如，01-15#逆变器的组串电流为 1.79，低于正常范围，需要上站查看这个组串。本节是以组串式逆变器场景为例，集中式逆变器场景与之相似。

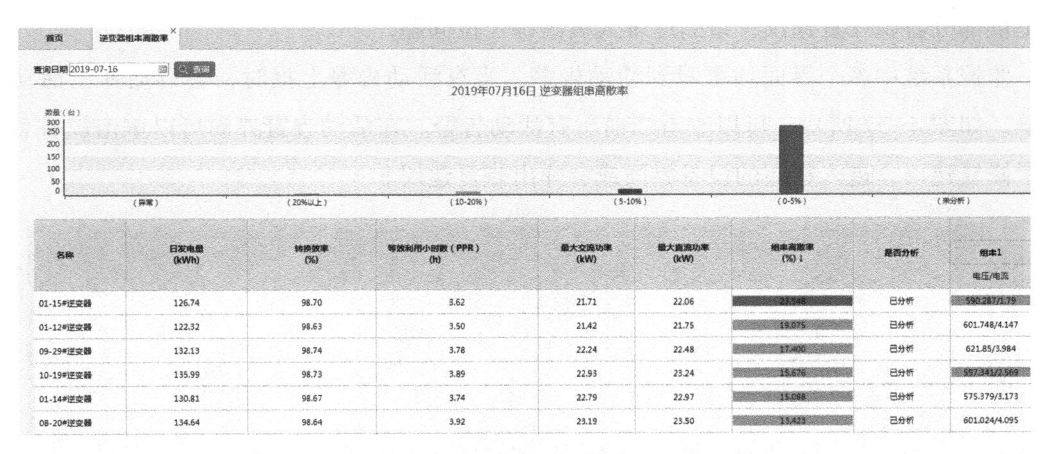

名称	日发电量 (kWh)	转换效率 (%)	等效利用小时数（PPR）(h)	最大交流功率 (kW)	最大直流功率 (kW)	组串离散率 (%)↓	是否分析	组串1 电压/电流
01-15#逆变器	126.74	98.70	3.62	21.71	22.06	23.548	已分析	590.287/1.79
01-12#逆变器	122.32	98.63	3.50	21.42	21.75	19.075	已分析	601.748/4.147
09-29#逆变器	132.13	98.74	3.78	22.24	22.48	17.400	已分析	621.85/3.984
10-19#逆变器	135.99	98.73	3.89	22.93	23.24	15.676	已分析	597.341/2.569
01-14#逆变器	130.81	98.67	3.74	22.79	22.97	15.088	已分析	575.379/3.173
08-20#逆变器	134.64	98.64	3.92	23.19	23.50	13.423	已分析	601.024/4.095

图 4-35　逆变器组串电流离散率界面

4.3 智能光伏电站监控系统

4.3.1 查看设备的实时运行状态和数据

电站监控系统的电站信息界面默认显示了“分区实时功率”“电站实时功率”“总发

电量”“当日发电量”“当前总功率”“当前辐照强度”“总二氧化碳减排量”和“发电量统计”等。发电数据与采集的设备信号点相关联，用户可根据实际情况自定义显示内容。电站信息界面如图 4-36 所示。

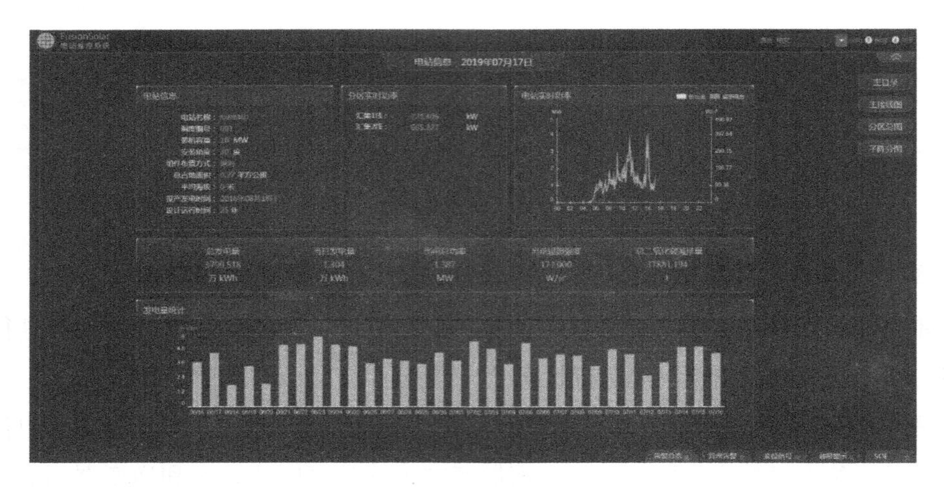

图 4-36 电站信息界面

电站监控系统提供活动告警提示以及查看功能，支持运维人员查看设备告警信息，并提供部分告警修复建议，帮助运维人员准确定位问题。

监控系统中多个界面均可看到活动告警，当有活动告警上报时，会自动弹出活动告警框，如图 4-37 所示，可以查看当前所有活动告警。在活动告警界面可以单击设备名称或者修复建议，进入相应的设备界面或者弹出修复建议。

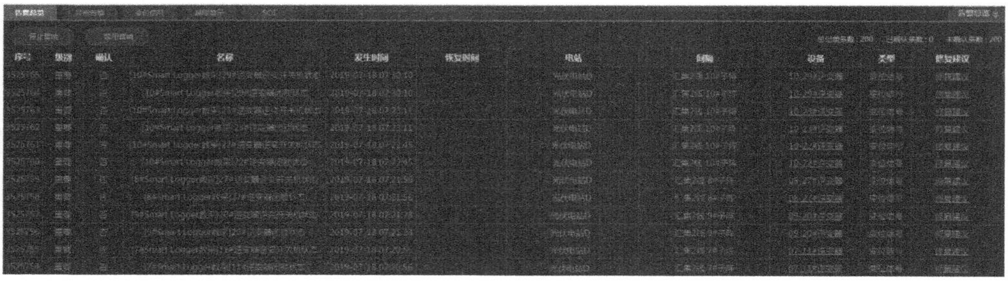

图 4-37 告警总览

4.3.2 系统监控

电站监控系统采用图形化的方式，分层呈现电站的监控视图。根据电站规划绘制各级视图后，在系统进行显示。

1. 主接线图

主接线图呈现汇集站的电气接线情况和各分区的实时发电功率。主接线图界面如图 4-38 所示。

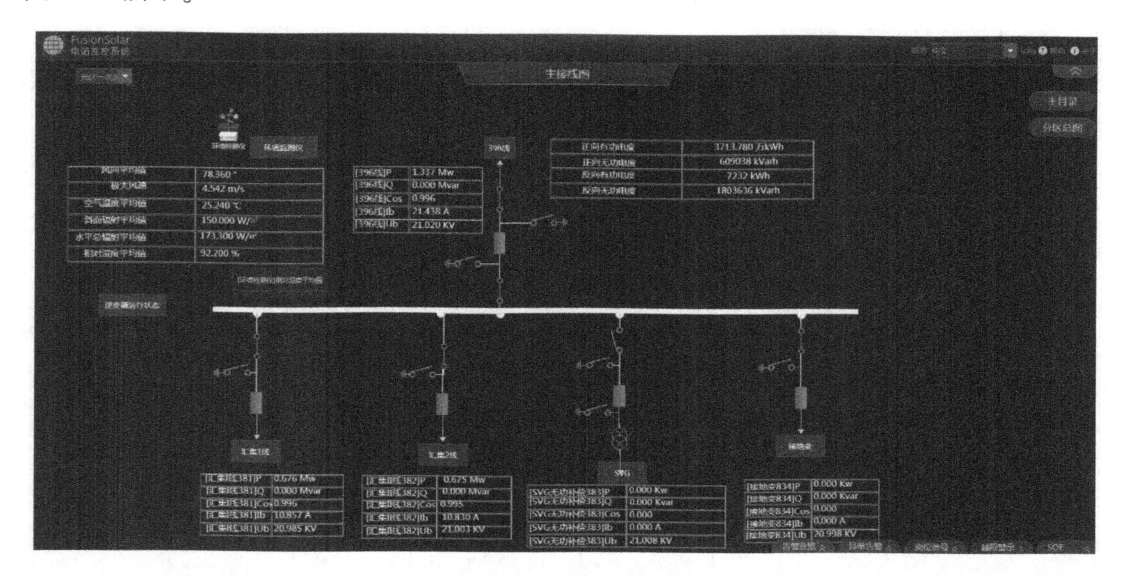

图 4-38　主接线图界面

2. 分区布局视图

分区布局视图呈现了分区的拓扑结构和各子阵的发电功率。在分区布局视图中双击子阵图标可进入子阵视图，在此视图中可以查看子阵具体的发电信息。右上角提供了主目录、主接线图、功率表格图、功率柱状图、发电量柱状图和发电量表格图链接。分区布局视图如图 4-39 所示。

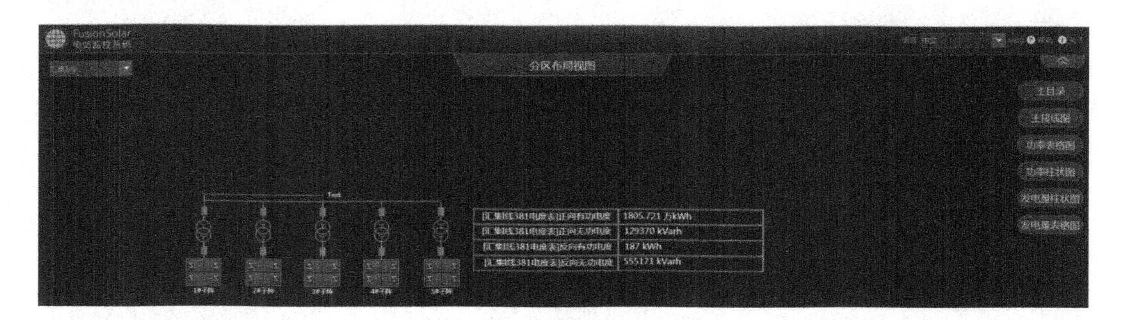

图 4-39　分区布局视图

3. 子阵布局视图

子阵布局视图呈现了子阵的拓扑结构、逆变器发电功率和设备的运行状态。在子阵视图中双击箱变图标可进入箱变分图，在此分图可以查看箱变具体运行数据，还可远程控制箱变断路器。双击逆变器图标，可进入逆变器分图，在此分图可以查看该逆变器的资产信息和运行数据，还可对逆变器进行开关机操作。子阵布局视图如图 4-40 所示。

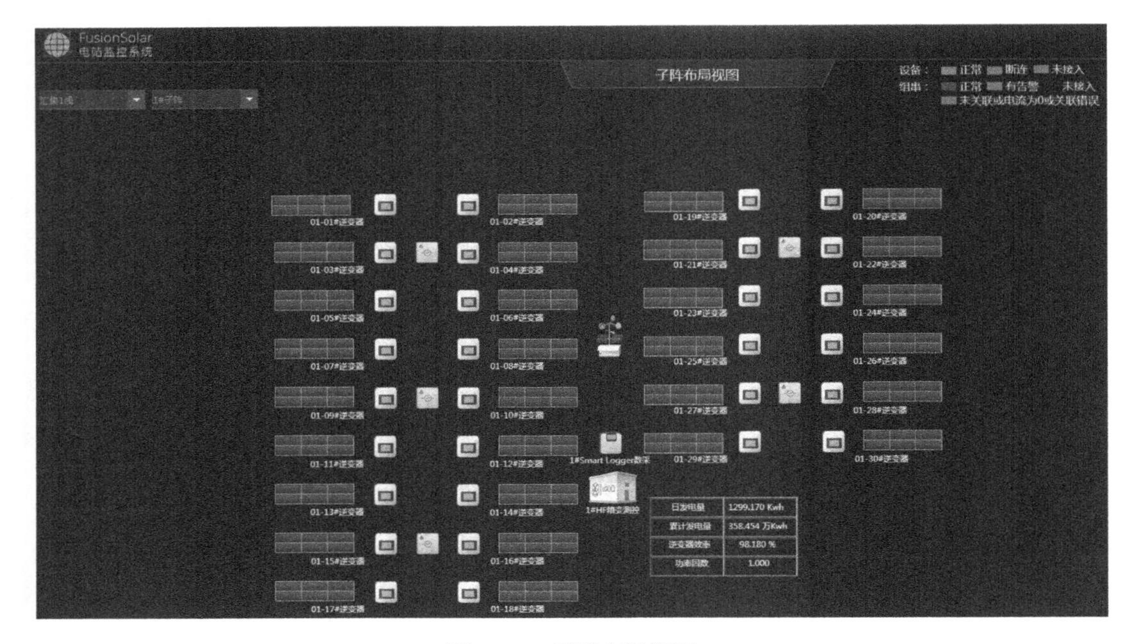

图 4-40　子阵布局视图

箱变分图呈现了箱变的运行状态和接入的电流、电压值等信息。断路器在电网系统中起着控制和保护电力设备和线路的作用。用户可根据实际情况，控制箱变断路器的开关，保证电网的安全运行。箱变分图如图 4-41 所示。

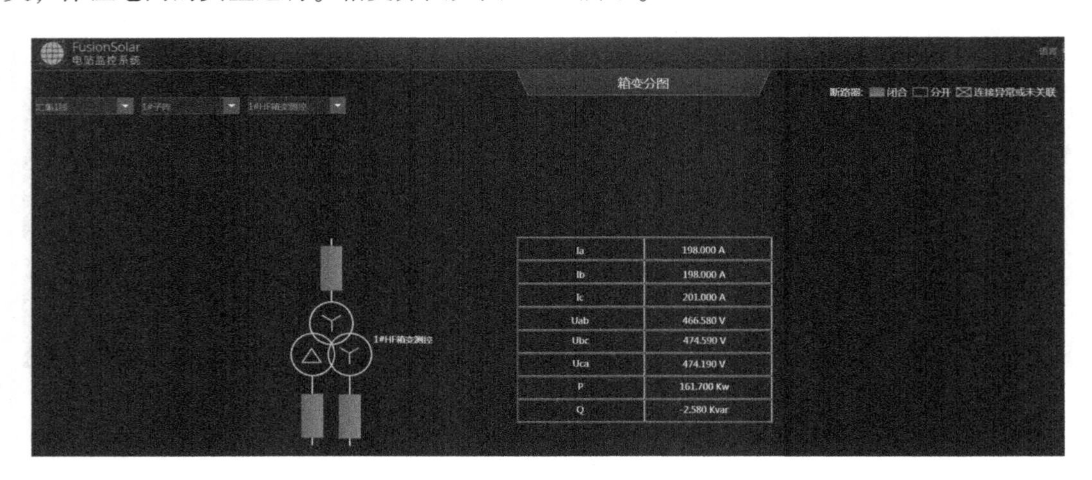

图 4-41　箱变分图

在“箱变分图”中，双击箱变断路器图元，将弹出“断路器控制”对话框。在对话框中可对断路器进行状态切换。

在箱变视图中，断路器图元有以下三种颜色。

- 红色：表示断路器为“闭合”状态，即已接入发电设备和电力线路，设备正常供电。
- 绿色：表示断路器为“分开”状态，即已断开发电设备和电力线路的连接，设备停止供电。
- 灰色：表示断路器图元未关联设备信号。

逆变器分图呈现了逆变器与光伏组件和交流汇流箱之间的电流、电压值，还提供了逆变器的运行状态和设备参数等信息。如果逆变器或组串发生告警，对应的逆变器或组串会显示为红色，提示某逆变器或组串发生故障，方便快速定位问题器件的位置。逆变器分图中逆变器开关操作与箱变开关操作类似。逆变器分图如图 4-42 所示。

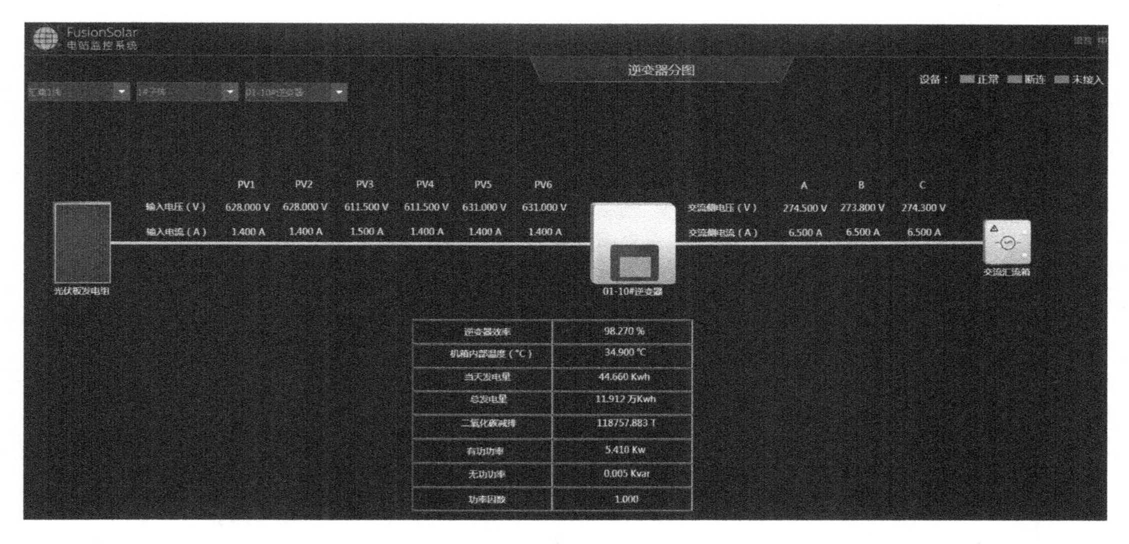

图 4-42　逆变器分图

4.4　运维 App

下面以使用运维 App 进行两票操作为例，来说明运维 App 的使用情况。登录运维 App，单击两票管理，进入待办列表，可以查看到当前待办列表，如图 4-43 所示。

单击待办的事项，弹出两票管理界面，可以查看工作票详情，如图 4-44 所示。

已办列表如图 4-45 所示，可以查看已处理过的工作票流程。

图 4-43　待办列表

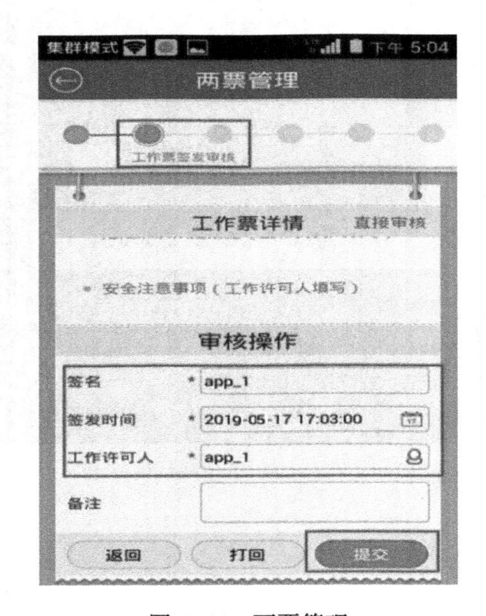

图 4-44　两票管理

图 4-45　已办列表

智能光伏解决方案提供移动运维的功能，使用运维 App 可完成两票管理，减少了运维人员往返工作票审批的时间，缩短了电站告警的处理周期，提升了运维人员的工作效率。

4.5 经营 App

在经营 App 的主界面可以查看集团所有的电站的地理位置分布情况、集团累计发电量、运行天数以及电站数量。

从经营 App 主界面进入上网电量统计界面，如图 4-46 所示，可以查看各电站发电量详情。

从经营 App 主界面单击发电完成率，进入月计划完成情况界面，可以查看集团下所有电站的月计划完成情况，如图 4-47 所示。

图 4-46 上网电量统计界面

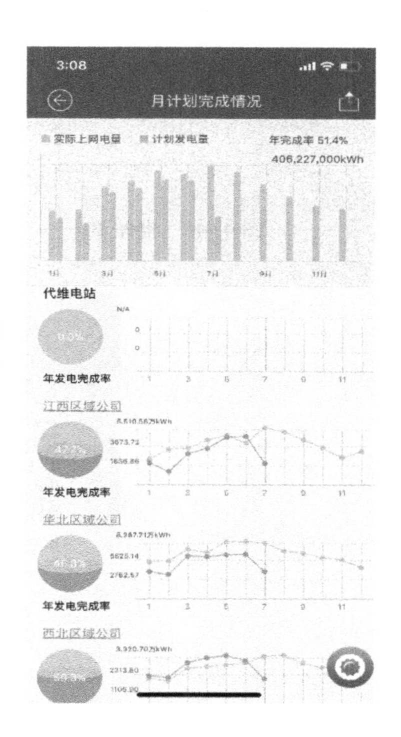

图 4-47 集团发电量月计划完成情况

从经营 App 主界面进入电站 PR 界面，可以查看当月 PR 排名前 5 的电站 PR，以及并网运行 7 年的电站发电情况，如图 4-48 所示。

从经营 App 主界面进入节能减排界面，可以查看集团从光伏电站并网累计至今节能减排的社会贡献，如图 4-49 所示。

经营 App 还提供任意电站的单独查看，某电站的运行详细情况如图 4-50 所示。

图 4-48　电站 RP

图 4-49　节能减排

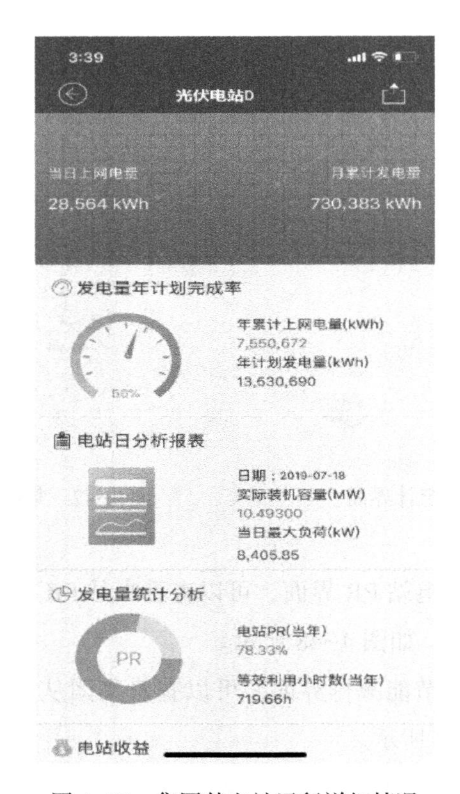

图 4-50　集团某电站运行详细情况

思考与练习

1. 光伏电站的智能运维系统包括哪些内容？
2. 如何通过五点四段 PR 分析，实现电站的损耗定位？
3. 通过集团监屏可以实时监控到电站的哪些问题？
4. 通过生产管理系统可以查看光伏电站中的哪些设备问题？
5. 生产运行日报可以查看哪些指标？分别代表什么含义？
6. 通过电站性能 KPI 指标，如何判断本电站的运行状态是否良好？
7. 电站监控系统可以呈现电站的哪几种监控视图？分别是什么含义？

第5章　光伏电站常见故障处理

本章总结了光伏电站运行过程中常见的设备故障，并通过大量光伏电站实际故障的处理过程案例加深理解。按照光伏电站发电流程，本章分为光伏组件常见故障处理、光伏汇流箱常见故障处理、逆变器常见故障处理、箱变常见故障处理、开关柜常见故障处理、防雷与接地常见故障处理以及电缆常见故障处理7个部分。

教学导航

知识重点	1. 光伏组件常见故障、产生的原因及解决办法 2. 光伏汇流箱常见故障、产生的原因及解决办法 3. 光伏电站逆变器常见故障、产生的原因及解决办法 4. 光伏电站箱变常见故障、产生的原因及解决办法 5. 开关柜常见故障、产生的原因及解决办法 6. 防雷与接地常见故障、产生的原因及解决办法 7. 电缆常见故障、产生的原因及解决办法
知识难点	1. 光伏组件、汇流箱故障现象、分析与解决办法 2. 光伏电站逆变器故障现象、分析与解决办法 3. 光伏电站箱变故障现象、分析与解决办法 4. 开关柜故障现象、分析与解决办法 5. 防雷与接地、电缆故障现象、分析与解决办法
推荐教学方式	现场讲授、案例分析、分组教学、任务驱动
建议学时	16学时
推荐学习方法	小组协作、分组演练、实践操作
必须掌握的理论知识	光伏电站设备常见故障分析与处理方法
必须掌握的技能	检测并排除光伏电站设备一般故障

5.1　光伏组件常见故障处理

5.1.1　光伏组件常见故障

光伏组件的常见故障主要有光伏组件的碎裂、热斑、接线盒故障以及其他故障。

1. 光伏组件的碎裂

太阳能电池表面的密封透明保护膜可能存在裂痕，这样水和空气会腐蚀太阳能电池，使其失去保护作用，进而造成光伏组件的碎裂。在出现碎裂之后，光伏组件的老化速度将大大加快，造成光伏组件碎裂的因素有以下几点。

（1）隐裂

隐裂是指太阳能电池片中出现细小裂纹，如图 5-1 所示。太阳能电池片的隐裂会加速太阳能电池片的功率衰减，影响光伏组件的正常使用寿命，同时太阳能电池片的隐裂会在机械载荷下扩大，有可能导致开路性破坏。隐裂还可能会导致热斑效应。

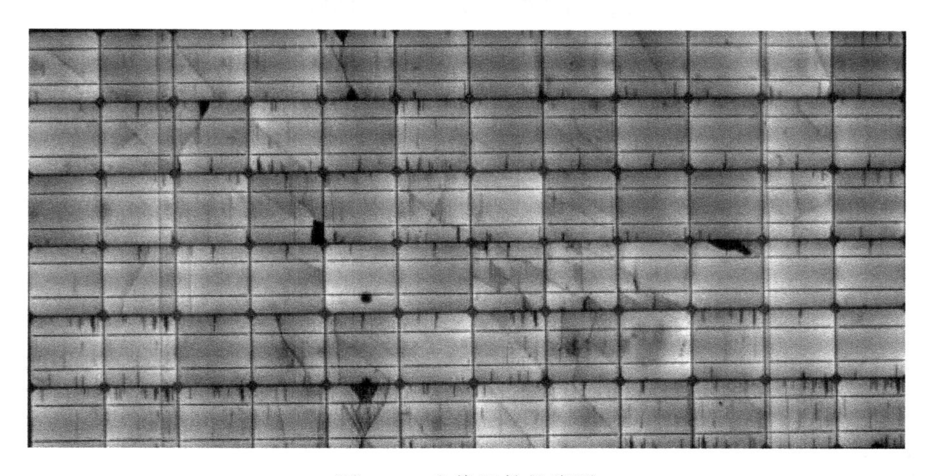

图 5-1　光伏组件的隐裂

隐裂的产生是由于多方面原因共同作用造成的，组件受力不均匀，或在运输、倒运过程中剧烈的振动都有可能造成太阳能电池片的隐裂。隐裂需要通过电致发光（Electroluminescent，EL）成像手段进行识别和分析。一旦光伏组件发生了内部隐裂，其输出电压无明显变化，但输出电流明显降低，造成整个光伏组件转换效率下降。

（2）光伏组件外力机械损坏

光伏组件外力机械损坏是由于外力机械作用导致的光伏组件损坏。例如，由于大雪积压造成光伏支架系统变形，从而导致光伏组件遭受机械破坏变形而失效。光伏组件跌落和大雪积压造成的损坏情况如图 5-2 所示。

如果安装人员在进行光伏组件的安装时没能充分认识到光伏组件承压性能，或者安装没能按照作业标准进行，同样也能造成光伏组件的机械破坏。光伏组件因人为因素造成的损坏如图 5-3 所示，其中图 5-3a 为人员踩踏造成的破坏，图 5-3b 为安装时光伏组件两边压块用力过紧或者用力不均造成的玻璃碎裂。

a)

b)

图 5-2　光伏组件跌落和大雪积压造成的损坏情况

a）光伏组件跌落造成的损坏　b）大雪积压造成的损坏

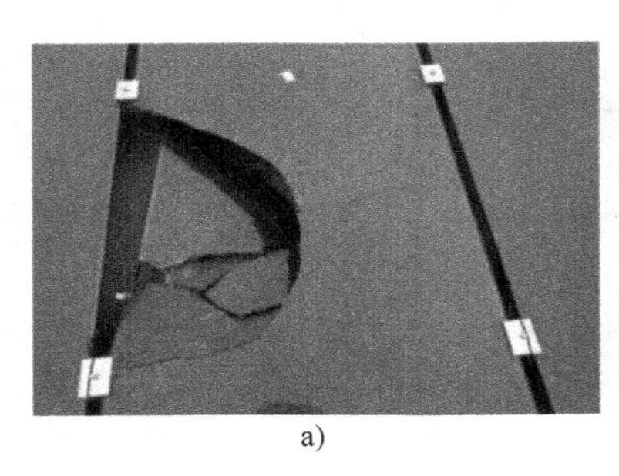
a)

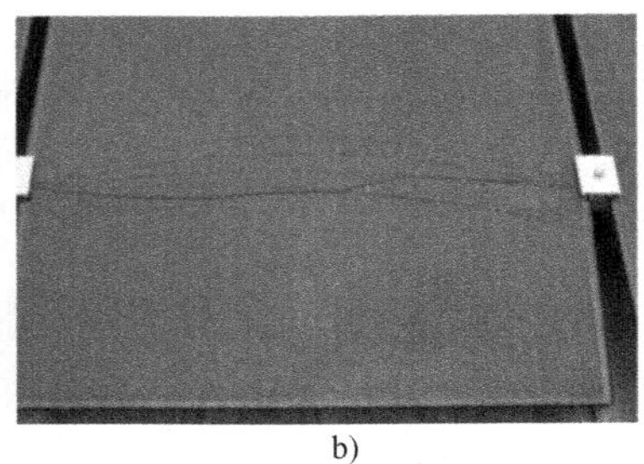
b)

图 5-3　光伏组件人为因素损坏情况

a）人员踩踏造成的损坏　b）安装时光伏组件两边压块用力过紧或者用力不均造成的玻璃碎裂

2. 热斑

用红外热像仪可以简便快捷地检测出光伏组件的热斑，如图 5-4 所示。

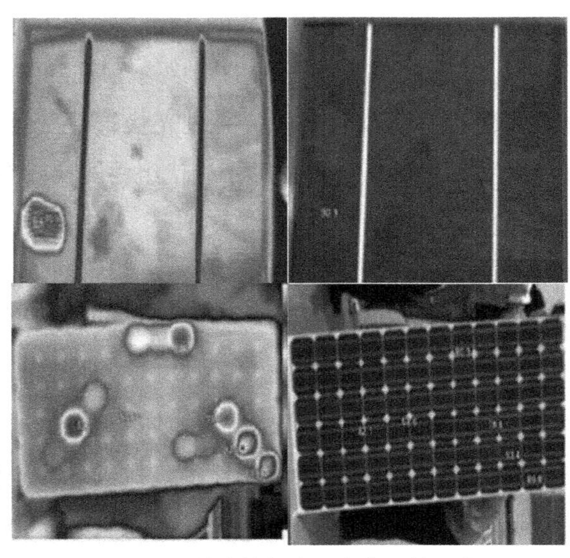

图 5-4　红外热像仪检测光伏组件的热斑

热斑可能会使光伏组件焊点熔化、封装材料损坏，降低输出功率，甚至会烧毁光伏组件，使整个光伏组件失效。热斑造成的光伏组件烧毁和脱层如图 5-5 所示。

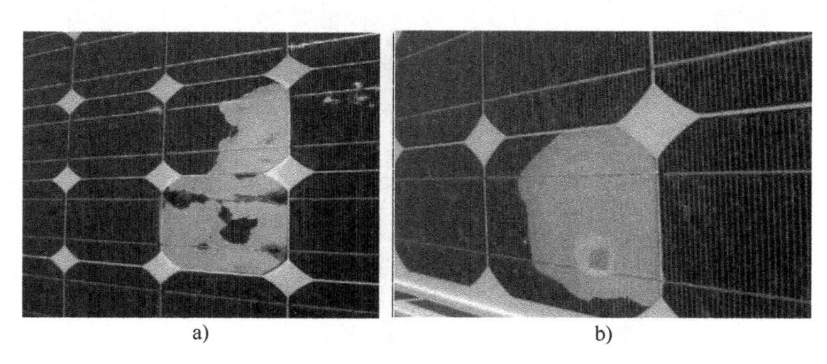

a)　　b)

图 5-5　热斑造成的光伏组件烧毁和脱层

a）光伏组件烧毁　b）光伏组件脱层

为了防止出现热斑，应该在生产阶段控制太阳能电池内部的杂质，在太阳电池组件的正负极间并联一个旁路二极管，以避免光照组件所产生的能量被受遮蔽的光伏组件消耗。

在应用中需要注意的事项如下所述。

- 按要求对光伏组件进行检测，确定其承受热斑效应的能力。
- 采用性能一致性好的太阳能电池或光伏组件。
- 安装位置应保证光伏组件尽量不被遮挡。
- 及时清理维护，除去光伏组件表面污染物。

3. 接线盒故障

接线盒中的接触点虚焊或者是连接线错误会导致光伏组件短路或开路。

（1）接线盒失效

接线盒失效故障主要有以下几种。

1）接线盒盒体碎裂失效。

2）接线盒盒盖变形造成密封失效。

3）接线盒与背板脱落。

4）电气连接不可靠。

5）接线盒电缆的抗拉扭性能减小，爬电距离、电气间隙减小。

其中光伏组件接线盒背板胶黏度较低，产生脱落现象，如图 5-6 所示。

（2）接线盒内汇流条和旁路二极管氧化

光伏组件接线盒内由于进水导致汇流条和旁路二极管氧化，从而导致光伏组件导电性能变差，如图 5-7 所示。

图 5-6　接线盒脱落

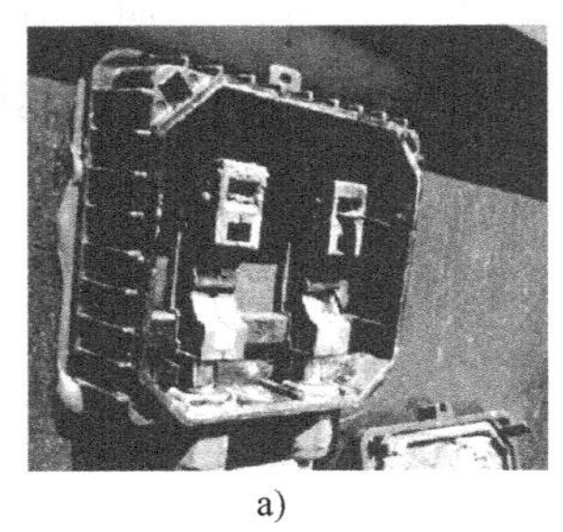

a)

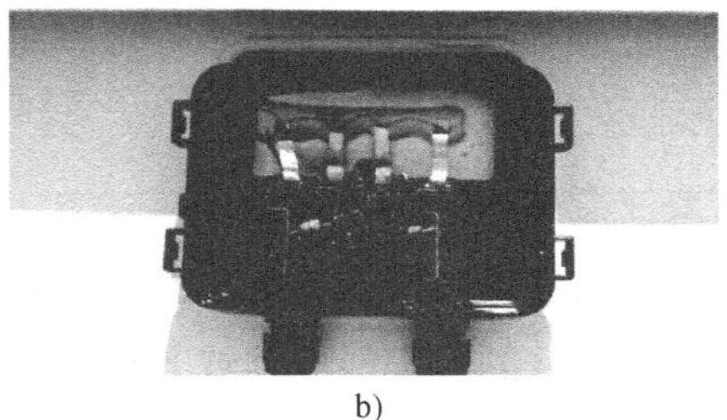

b)

图 5-7　接线盒内部氧化现象

a）汇流条氧化　b）旁路二极管氧化

（3）接线盒烧毁

接线盒烧毁的原因主要有两类：一是由于电气短路造成；二是由于汇流条焊点虚焊，接触电阻偏大，在工作过程中产生大量的热，最终造成接线盒烧毁。

4. 其他故障

（1）光伏组件的 PID 现象

电位诱发衰减（Potential Induced Degradation，PID）产生的原因是太阳能电池片和光伏组件边框之间产生漏电流，最终导致光伏组件的电位衰减。即水汽进入光伏组件，EVA 水解出醋酸，醋酸与钢化玻璃中析出的碱反应产生钠离子，靠近光伏组件负极的太阳能电池片在负偏压的作用下产生漏电流，漏电流导致钠离子由钢化玻璃向太阳能电池片表面移动，导致光伏组件的电位衰减，从而影响光伏组件的性能。PID 现象产生的过程如图 5-8 所示。

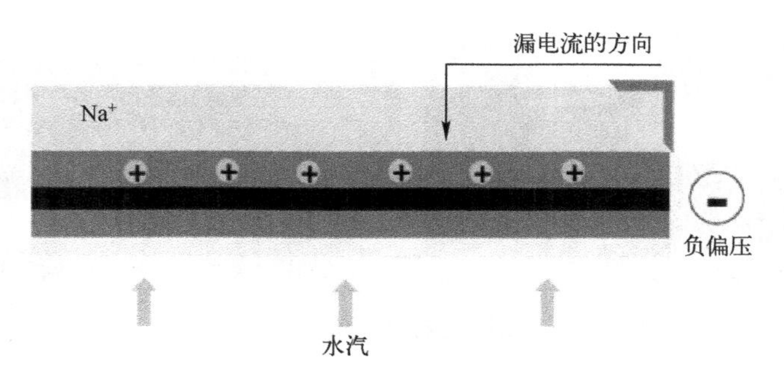

图 5-8　光伏组件 PID 产生过程示意图

（2）光伏组件的闪电纹现象

闪电纹由于其形状很像蜗牛的爬痕，所以也叫蜗牛纹，如图 5-9 所示。出现闪电纹的光伏组件一般都伴随着出现太阳能电池片的隐裂，在 EL 成像中能够清楚看到出现闪电纹的光伏组件上太阳能电池片的隐裂。闪电纹产生的原因为：EVA 胶膜的交联度不均匀导致使用后产生不均匀的应力，使太阳能电池片产生隐裂，隐裂处会产生热斑效应，从而导致 EVA 胶膜或栅线被烧掉。

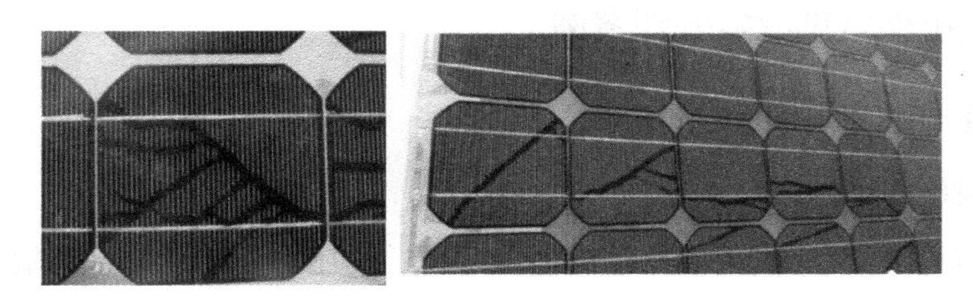

图 5-9　光伏组件的闪电纹

虽然这种纹理对于光伏组件的功率衰减并无大的影响，但是这种纹理所伴随的太阳能电池片隐裂会阻碍电流流向汇流条。

（3）太阳能电池片与 EVA 胶膜脱层

太阳能电池片与 EVA 胶膜脱层的主要原因是 EVA 胶膜老化。如果光伏组件内存在少量氧气，在强紫外光照射下 EVA 胶膜会发生分解，产生乙酸和烯烃，即脱乙酰反应。EVA 胶膜在经过多次脱乙酰反应后会造成 EVA 老化，EVA 老化还会导致粘接强度下降，光伏组件会发生脱层现象。此外，乙酰反应产生的乙酸会腐蚀光伏组件的焊带、电极和背板，严重影响光伏组件的性能和使用寿命。太阳能电池片与 EVA 胶膜的脱层如图 5-10 所示。

（4）光伏组件的连接线或连接头断裂

光伏组件的连接线或连接头断裂或接触不好导致光伏组件间的导电性能下降，如图 5-11 所示。

图 5-10　太阳能电池片与 EVA 胶膜脱层

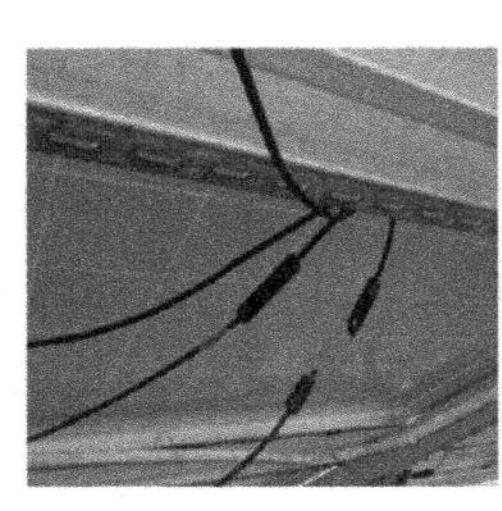

图 5-11　光伏组件的连接线或连接头断裂

5.1.2　光伏组件常见故障处理案例

【案例一】 光伏组串输出偏低。

1. 故障现象

某光伏电站测得部分光伏组串输出电压过低。电压过低会造成系统输出功率降低，长期运行会造成光伏组件被击穿。

2. 故障分析

由光伏电站监控系统和生产管理系统统计数据分析，对比相同子阵相同支路数的汇流箱输出功率和电流，查找输出偏低的汇流箱及支路。

3. 解决办法

检测光伏组串中每个光伏组件的开路电压，查出开路电压异常的光伏组件，检测它的旁路二极管，如果二极管有问题就直接更换二极管；如果二极管本身没问题，可能是光伏组件本身的输出存在问题，需要更换组件。

【案例二】 光伏组件故障引起的逆变器停止工作或者并网配电柜中的交流断路器跳闸。

1. 故障现象

某光伏电站出现逆变器停止工作，交流断路器跳闸。经检测光伏组串两端电压正常，但正负极对地电压均异常。

2. 故障分析

光伏组串中间某一块光伏组件的连接线与光伏支架连通了。有可能是电缆的绝缘层损坏造成的。

3. 解决办法

检查光伏组件的连接线，特别注意连接线与支架接触的地方，找出与支架连接的导线。

光伏阵列进行故障排查需注意以下事项。

- 测量开路电压和短路电流时，应断开负载。
- 即使在太阳辐照度很低时，光伏组件的输出电压还是接近开路电压，短路电流则与有效太阳辐照度成比例。
- 被遮挡的光伏组件将根据遮挡情况不输出电流或减少电流输出。

5.2 光伏汇流箱常见故障处理

5.2.1 光伏汇流箱常见故障

光伏汇流箱作为光伏电站中应用最多的设备，经常发生各种各样的故障。光伏汇流箱故障主要有断路器跳闸、光伏汇流箱通信中断、光伏汇流箱烧毁和其他故障。

1. 断路器跳闸

由于光伏汇流箱长期露天安置，加速了断路器的老化，再加上断路器经常操作造成的机械磨损，使断路器脱扣器损坏，从而出现断路器跳闸。

如果是偶尔跳闸，可能是断路器误动作或环境影响，但如果频繁跳闸，就需要仔细查找原因。

造成这种跳闸故障的原因大体上分为三类。

- 线路实际负荷电流比断路器额定工作电流大。
- 进线母排、出线端子固定螺钉没锁紧压好，如图 5-12 所示。
- 出线电缆绝缘破损、异物造成短路及逆变器故障。

2. 光伏汇流箱通信中断

目前常用的通信方式是 RS485 通信技术。RS485 总线有 A、B 两根信号线，采用差分

图 5-12 压线端子螺钉松动引起断路器跳闸

信号负逻辑，逻辑“0”以两线间的电压差为+2～+6 V 表示；逻辑“1”以两线间的电压差为-6～-2 V 表示。传输速率最高 10 Mbps，传输距离最远 2 km，总线最大支持节点数 32 个，特殊驱动器可支持 256 个节点或更多。

造成光伏汇流箱通信故障的主要原因有以下几点。

- 通信装置参数设置错误。主要包含光伏电站地址设置错误、波特率设置错误、通信模式设置错误。
- 通信电缆接线错误。通信电缆接触不良或者接线方式错误造成短路或断路，从而影响汇流箱的通信。
- 通信电缆接地方式错误。如果将内外屏蔽层合并起来作为一层采用单点接地，无法充分发挥双重屏蔽层抗干扰的优势，在电磁干扰较大时会出现通信故障。
- 电缆敷设方式错误。通信电缆应当与其平行敷设的动力电缆的间距满足综合布线工程规范要求，若不满足，在实际运行中会对通信产生干扰。
- 通信板故障。通信装置发生故障，无法正常工作。

3. 光伏汇流箱烧毁

光伏汇流箱在室外环境下长时间运行时，由于汇流箱的自身设计因素、安装施工因素或运维因素，可能会出现局部过热、过电压、过电流或短路打火，以致引起光伏汇流箱烧毁。光伏汇流箱烧毁轻则导致该汇流箱各路电流均为零，逆变器功率输出降低，监控失效，重则会引起整个电站发生火灾，造成重大损失。

光伏汇流箱烧毁的原因主要有以下几点。

（1）汇流箱自身的原因

- 汇流箱内部布局不合理，不利于散热，造成汇流箱短路烧毁。
- 汇流排宽度比较窄，端子和汇流排的接触面积较小，汇流排和箱体的安全距离较短引起发热和打火。
- 汇流排采用铝排，运行箱体整体温度过高，建议改用铜排。
- 汇流箱缺少有效的保护装置。汇流箱内缺少监测各支路电流的通信单元和保护单元，电流产生波动时不能及时报警，若汇流箱没有断路器，即使发现事故，也很难人为断开。
- 控制板输入端高压电气间隙爬电距离不足引起燃烧。
- 熔体质量不合格造成熔断器烧毁。
- IP 等级达不到要求。
- 接线排绝缘质量和耐压值较低。
- 熔断器的额定电流小于光伏组串的电流，或者熔断器的电流选择过大，起不到保护作用。

（2）施工不规范

- 光伏汇流箱接线不牢固。由于施工过程中施工人员用力过大，把固定螺杆拧滑丝且没有更换，或用力过小没有把螺杆拧紧，在运行过程中接触不良引起电流拉弧，高温把熔丝底座融掉引起短路，烧掉汇流箱。内部电缆接线端子与电缆头没有牢固连接，由于运输振动、气温变化，以及运行过程中冷热交替等，导致松动、拉弧烧毁端子，从而烧毁汇流箱。
- 正负极接反。光伏组串接入光伏汇流箱时，光伏组串的正负极接错，造成短路故障，烧坏元件引起火灾。
- 光伏汇流箱出线电缆头制作工艺不合理。汇流箱出线端电缆头应当规范制作，否则会导致各种问题。例如，电缆钢铠剥除不够，钢铠与接线端子距离太近，容易造成接地短路。
- 现场未安装防护门。

（3）运维原因

- 由于设备长期运行，电源模块发生内部故障，出现拉弧，导致汇流箱烧毁。
- 汇流箱下部的防水端子没把光伏组串或汇流输出的线固定紧。由于光伏组件工作时会发热，导致接触点膨胀，不工作时会使接触点收缩，如果防水端子没有把电缆固定紧，重力有可能引起线缆松脱，造成拉弧，甚至短路等现象。

● 有老鼠、蛇等小动物进入汇流箱，造成汇流排短路。

● 保险板端子螺钉松动，造成保险板着火。

● 某个单元出现故障，出现回流。

4. 光伏汇流箱其他故障

1）光伏汇流箱内熔体熔断。长时间过载，环境温度高，散热不好及其他因素导致的发热量大（如熔丝夹虚接、电缆虚接等）会导致熔体熔断。

2）光伏汇流箱门隙过大，因风沙进入导致电气故障。由于光伏汇流箱安装在室外，如果汇流箱门隙过大，风沙、雨水等容易进入到汇流箱内部。另外，光伏汇流箱线的进、出口没有添加防火堵泥也容易导致安全事故的发生，如图 5-13 所示。

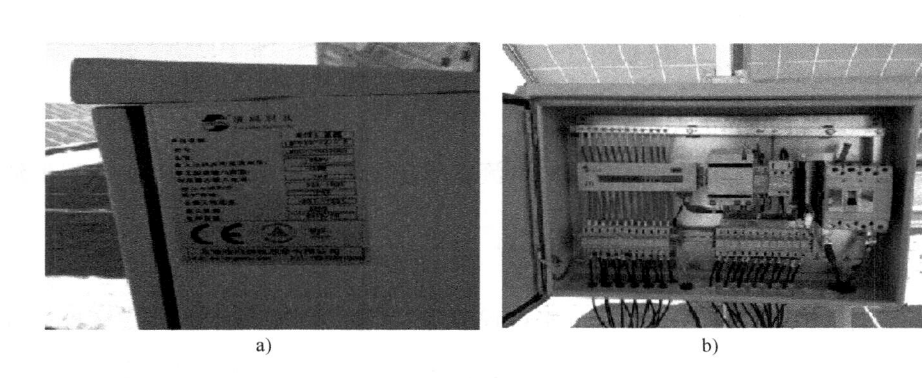

a) b)

图 5-13 光伏汇流箱门隙过大及未加防火堵泥

a）光伏汇流箱门隙过大 b）光伏汇流箱内未加防火堵泥

5.2.2 光伏汇流箱常见故障处理案例

【案例一】 江苏盐城某电站 1 区 4 号光伏汇流箱出线端烧毁。

1. 故障现象

监控中心通过数据平台发现该电站一区 B 逆变器功率较其他逆变器偏低。立即通知现场运维人员现场排查，运维人员到达现场发现 4 号汇流箱正在冒烟，进一步查看 1 号汇流箱和 4 号汇流箱，发现断路器跳闸，1 号汇流箱至逆变器直流柜电缆中间埋地部分烧毁。

2. 故障分析

根据站端描述的现象和反馈的照片进行分析，直流汇流箱故障现场反馈照片如图 5-14 所示。

1）线缆存在短路现象，断路器属于正常过电流保护跳闸。

2）现场4号汇流箱电缆接头的热缩护套烧毁开裂，并且里面露出黄色的绝缘胶带，如图5-14a所示。从图中可以推断该电缆在施工时受到损伤，施工人员私自用绝缘胶带处理后隐藏在热缩护套内。

3）现场4号汇流箱的电缆为铠装电缆，如图5-14b所示，电缆正极线对铠装层放电，导致击穿烧毁。

4）现场1号汇流箱的埋地电缆中间在烧毁前就有破损，如图5-14c所示，施工人员简易处理私自埋入地下。

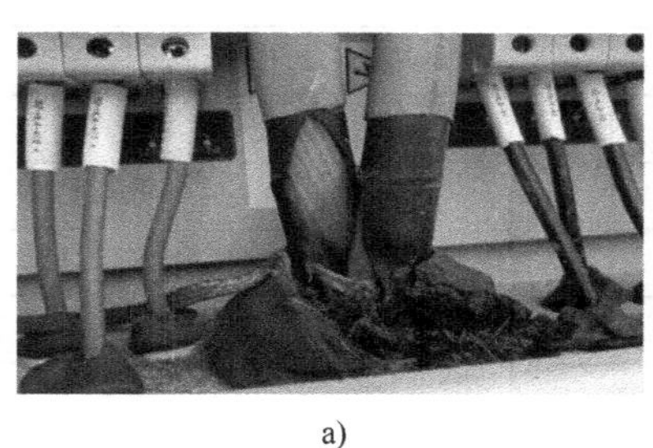

a)

b)

c)

图5-14　直流汇流箱故障现场反馈照片

a）4号汇流箱电缆接头的热缩护套烧毁开裂　b）4号汇流箱铠装层被击穿烧毁

c）1号汇流箱埋地电缆有破损

3. 解决办法

通过结果可看出，本站建设期间存在野蛮施工情况。需全面排查本站电缆接头部分，观察电缆表面是否有明显划痕，建议质量检测人员到电站采用耐压测试全面排查线缆存在的漏电流问题。

本站光伏汇流箱为非智能，出现此类故障无法及时发现，建议将现场直流汇流箱改造升级。

【案例二】甘肃金昌某电站汇流箱通信故障分析。

1. 故障现象

6月到7月甘肃金昌某电站11台汇流箱共发生27次通信中断故障，现场重启后，通信恢复，故障反复出现，一直不能彻底解决，集控中心平台不能对现场的光伏组串和汇流箱进行监控，无法分析数据，无法判断设备运行的健康状态。汇流箱故障数据见表5-1，监控通信异常如图5-15所示。

表 5-1　汇流箱故障数据

6 月到 7 月汇流箱通信问题汇总		
故 障 区 域	汇流箱编号	故障发生次数
3	14	3
4	14	1
5	14	1
6	14	2
9	14	4
10	12	1
11	14	3
13	14	3
14	17	2
16	11	4
17	11	3
总计		27

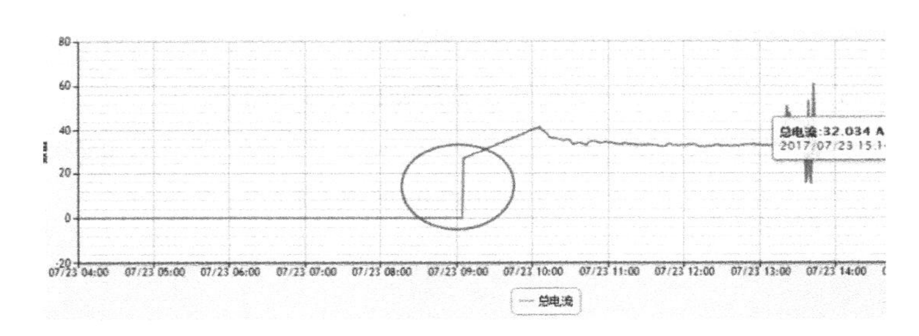

图 5-15　监控通信异常

2. 故障分析

对故障汇流箱的通信排线进行打胶处理，发现无法解决问题。这些故障汇流箱都靠近箱变，根据多次试验和现场情况分析，发现故障是由干扰造成。8 月 18 日人员到现场做以下两种整改实验，观察一个月后，找到最佳解决方案，彻底解决此故障。

3. 解决办法

方案一：对汇流箱通信 5 V 电源增加抗干扰磁环，防止电源被辐射干扰。为 RS485 通信输出信号增加抗干扰磁环，避免输出信号直接受到干扰，导致数据包丢失。此方案如图 5-16 所示。

方案二：直接更换升级版本的通信印制电路板（Printed Circuit Board，PCB），此升级版本 PCB 在走线等方面增强抗干扰性。更换的 PCB 如图 5-17 所示。

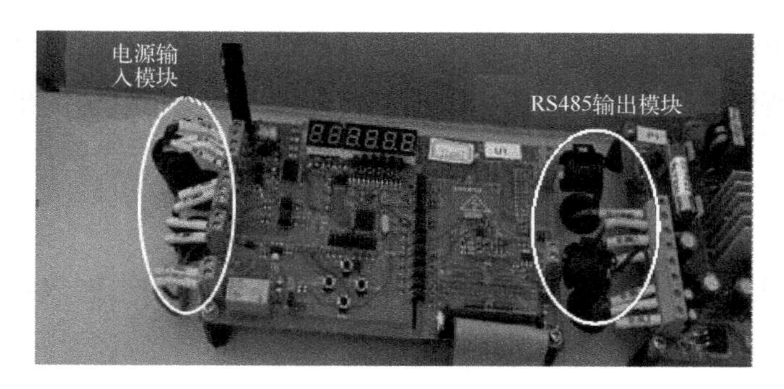

图 5-16 汇流箱通信故障处理方案一

图 5-17 汇流箱通信故障处理方案二

5.3 光伏电站逆变器常见故障处理

5.3.1 光伏电站逆变器常见故障

光伏逆变器除了把直流电变成交流电外，还承担检测光伏组件和电网状况、系统绝缘、对外通信等任务，计算量大，容易出错。从长时间运维经验分析，光伏逆变器易出现逆变器不并网、直流过电压、电网故障、漏电流故障等。

1. 逆变器不并网

逆变器不并网一般是逆变器和电网没有接上。可能原因是交流开关没有合上、逆变器交流输出端子没有接上或逆变器输出接线端子上接线松动了。需要用万用表电压档测量逆变器交流输出电压。在正常情况下，输出端子应该有 220 V 或者 380 V 电压，如果没有，依次检测接线端子是否有松动，交流开关是否闭合，漏电保护开关是否断开。

2. 直流过电压

直流过电压报警可能原因是组件串联数量过多，造成电压超过逆变器的电压。因为随着光伏组件追求高效率工艺改进，功率等级不断上升，同时光伏组件开路电压与工作电压也在加大，所以设计阶段必须考虑温度系数问题，避免低温情况出现过电压而导致设备硬件损坏。

3. 电网故障

电网本身出现故障时也会造成逆变器不能正常工作。通常电网故障主要有电网过电压、电网欠电压、电网过/欠频等。

- 电网过电压问题多数原因在于原电网轻载电压超过或接近安全规范保护值，如果并网线路过长或压接不好导致线路阻抗/感抗过大，光伏电站是无法正常稳定运行的。解决办法是找供电公司协调电压或者正确选择并网，严抓电站建设质量。
- 电网欠电压：该问题与电网过电压的处理方法一致，但是如果出现独立的一相电压过低，除了原电网负载分配不完全之外，该相电网掉电或断路也会导致该问题，出现虚电压。
- 电网过/欠频：电网的频率出现过高/过低导致逆变器无法正常并网。这是电网的质量出现了问题，需要提高电网的供电质量。

4. 漏电流故障

漏电流故障一般是漏电流太大，可能是安装质量问题，由于选择错误的安装地点与低质量的设备引起。故障点有很多：低质量的直流接头、低质量的光伏组件、光伏组件安装高度不合格、并网设备质量低或进水、漏电。一旦出现类似问题，可以通过找出故障点并做好绝缘工作解决问题。如果是材料本身的问题，则只能更换材料。

5.3.2 光伏电站逆变器常见故障处理案例

【案例一】 江西县某电站 41 区 2 号逆变器 PDP 故障停机。

1. 故障现象

10 月 8 日集控中心巡检时发现某电站 41 区 2 号逆变器没有并网，初步判断该逆变器处于停机状态，立即上报并通知站端到现场查看逆变器的运行详情。

2. 故障分析

1）运维人员现场确认逆变器处于故障停机状态，报“PDP 故障”，经过远程指导判断为设备自身故障，10 月 10 日厂家到现场维修。在现场检测时发现 C 相驱动板电源线松动，A 相驱动板光纤损坏。重新插接电源线和更换不导通的光纤后，逆变器于当天下午恢复运行。

2）检查光纤损坏情况，现场检查发现光纤被老鼠咬断，同时逆变器进线口的防火泥有脱落现象，且内部已经有老鼠窝。

3. 解决办法

（1）故障处理结果

1）厂家对现场的故障光纤进行更换，并检查其他控制线，无异常后投入运行。

2）现场没有防火泥，组织施工队重新封堵。

3）逆变器正常运行至10月16日，出现三相电流不平衡现象，厂家10月24日到现场维修，更换传感器等配件后依然无法解决，再次锁定为光纤故障，经过检查发现光纤（C相）被老鼠咬坏，10月30日更换光纤后逆变器恢复运行。

（2）建议

1）本次故障第二次发生时防火泥已封堵，最大可能是封堵前老鼠再次进入设备内部。该电站处于多山多雨地带，当汛期来临，在电缆桥架中搭窝的老鼠会沿着电缆钻入设备内部。所以建议站端在逆变房和设备内部放置一些灭鼠药，避免类似故障发生。

2）建议电站组织人员尽快全面地检查设备防火泥和风道进出口的密封情况。

3）秋季是老鼠繁殖的旺季，即将冬眠的小动物活动频繁，建议其他电站也检查逆变器通信柜等设备的密封情况，重点检查中控室地板底部是否有鼠窝。

【案例二】新疆某电站二期6区2号逆变器故障。

1. 故障现象

1月7日收到站端日报表，某电站二期6区2号逆变器停机，现场逆变器报“孤岛保护”，逆变器停机，如图5-18所示。

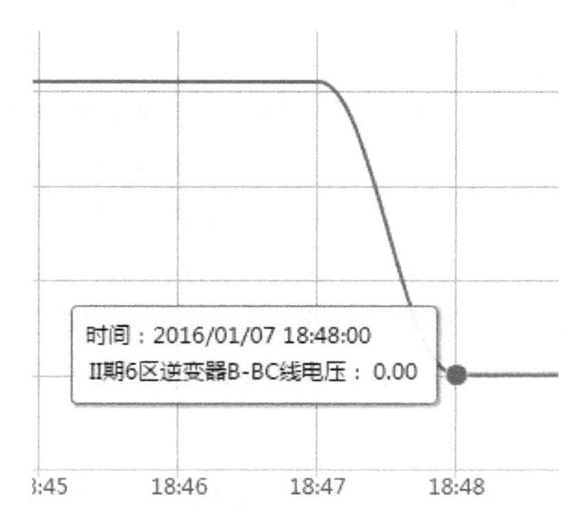

图5-18　1月7日集控后某电站二期6区2号逆变器电压数据

2. 故障分析

1）现场逆变器报“孤岛保护”。逆变器防孤岛保护是指逆变器并入 10 kV 及以下电压等级配电时应具有防孤岛效应保护功能，若逆变器并入的电网供电中断，逆变器应在 2 s 内停止向电网供电，同时发出警示信息。

2）孤岛保护故障产生的原因主要有以下几点。

- 现场逆变器对应的箱变低压侧断路器跳闸。
- 电压采样板故障，电压采样板是负责交直流电压的采样。
- 转接板故障，转接板负责将所有采集的信号传送到 DSP 芯片。
- 其他原因，如 PCB 之间的电气连接线松动或者断路导致。

3）现场用万用表测量逆变器交流侧电压正常，测量电压采样板上对应的三相交流电压采集输出信号正常，测量转接板传出的交流电压信号不正常，于是判断此故障为转接板故障。

3. 解决办法

购买转接板备件。故障于 1 月 10 日 19:00 修复，本次故障导致电量损失 2100 kWh。

【案例三】 新疆某电站逆变器故障分析。

1. 故障现象

6 月 24 日某电站二期 1-2、8-1、10-1、13-1、21-2、26-1、26-2 逆变器 IGBT 模块击穿烧毁，更换故障模块后修复，共造成发电损失 58400 kWh。

8 月 19 日 3-1、3-2、4-1、4-2、8-1、10-2、13-2、21-1、26-1、26-2 逆变器 IGBT 模块击穿烧毁，更换故障模块后修复，共造成发电损失 19000 kWh。

2. 故障分析

1）风道防尘、散热效果差，封堵不严，风道直接经过 IGBT 与驱动板。风机位于逆变器中部，风道直接通过机箱，密封不严，驱动板及 IGBT 表面被风直吹。

2）逆变器防尘效果较差，机箱内部及模块周边积灰严重。在阴雨天等湿度大的环境中，细微积灰吸潮后变成湿尘，会对驱动板造成腐蚀；另外湿尘中含有导电金属，具有较强的导电性，可能在 PCB 和元器件中造成漏电效应甚至短路击穿，造成信号异常。从图 5-19 可以看出 5 号逆变器内存在积灰。其中驱动板的三防需考虑现场环境进行加强。

3. 解决办法

1）厂家将二期所有逆变器驱动板重新做三防处理，并提供模拟现场环境下的三防实验报告。

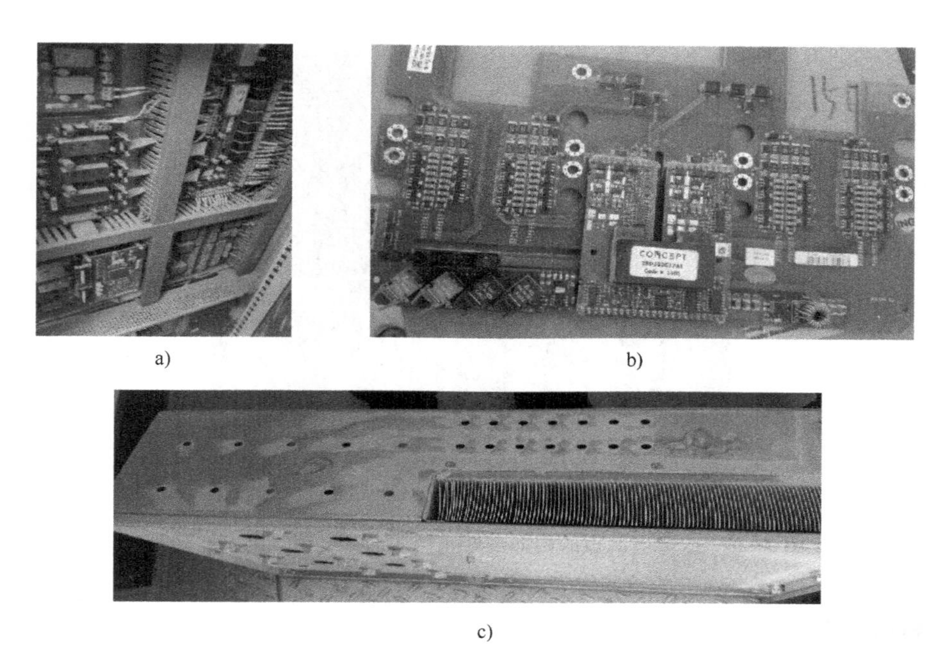

a)

b)

c)

图 5-19　逆变器较差的防尘效果

a）逆变器　b）驱动板　c）散热器

2）厂家更换二期所有逆变器风道口的防尘棉。

3）厂家封堵二期所有逆变器风道空隙。

除此之外还应在雨后现场查看设备内部是否有凝露，并在整改后进行验证。

【案例四】青海某电站逆变器故障分析。

1. 故障现象

2 月 21 日 22:33 该电站 11 区 A 逆变器因故障通信中断，经检查，逆变器内部供电开关电源损坏。

2. 故障分析

1）故障发生于夜间待机状态，通过平台数据可以看出故障发生时电网并无异常波动，该电站环境干燥，现场反馈设备无凝露，则排除外部环境因素导致的电源损坏。

2）该站 2012 年 5 月 29 日并网运行，电网质量较差（网压经常性不稳定），故障开关电源的 PCB 出厂日期为 2009 年 7 月 31 日，同时逆变器运行时温度较高，可能会对元件寿命产生一定影响。

3）通过现场反馈的照片看出，故障电源板的内部多处元器件（如电阻、电容）烧焦，熔体熔断，如图 5-20 所示。因此，可认为本次故障主要因为 PCB 内部元件故障。

图 5-20　故障电源板的内部多处元器件（如电阻、电容）烧焦

3. 解决办法

1）尖峰和浪涌是导致电阻损坏的直接原因，所以本次故障排查应从两处着手：一是根据现场提供的 PCB，分析电阻功率选型是否合理；二是检测本站电网质量。

2）该电站开关电源故障已多次出现，建议站端进行定期抽检，并做好备品备件的库存，制定应急预案。

5.4　光伏电站箱变常见故障处理

5.4.1　箱变常见故障

1. 万能断路器不能合闸

万能断路器不能合闸可能是以下原因造成的：控制回路故障；智能脱扣器动作后，面板上的红色按钮没有复位；储能机构未储能。

可按照以下处理方法进行处理。

1）用万用表检查开路点。

2）查明脱扣原因，排除故障后按下复位按钮。

3）手动或电动储能。

2. 塑壳断路器不能合闸

塑壳断路器不能合闸可能是以下原因造成的：机构脱扣后没有复位；断路器带欠电

压线圈而进线端无电源。

可按照以下处理方法进行处理。

1）查明脱扣原因并排除故障后复位。

2）使进线端带电，将手柄复位后再合闸。

3. 断路器一合闸就跳闸

断路器一合闸就跳闸可能是因为出线回路有短路现象，出现此故障时切不可反复多次合闸，必须查明故障，排除后再合闸。

4. 变压器故障

变压器在运行中常见的故障有绕组故障、套管故障、分接开关故障、过电压引起的故障、铁心故障、声音异常以及温度异常等。

（1）绕组故障

绕组故障主要有匝间短路、绕组接地、相间短路、绕组和引线断线等。

① 匝间短路

匝间短路是由于绕组导线本身的绝缘损坏产生的短路故障，出现频率很高。匝绝缘被损坏、变压器长时间运行、导线接头没有焊接好、重负载下出现过热等都会引发短路故障。

② 绕组接地

绕组接地是绕组对接地的部分短路。绕组接地时，变压器油质变坏，长时间接地会使接地相绕组绝缘老化及损坏。绕组接地产生的原因是雷电大气过电压及操作过电压的作用使绕组受到短路电流的冲击发生变形，主绝缘损坏、折断；变压器油受潮后绝缘强度降低。

③ 相间短路

相间短路是指变压器两相绕组之间的绝缘被击穿造成短路。一般是由工作人员在检修或组装过程中不恰当操作引起的。当短路电流较小，继电保护动作正确，绕组轻微变形。当短路电流过大，继电保护动作时间长，甚至拒动，会导致绕组松脱、移位、断股、局部扭曲，甚至突发性损坏。

④ 绕组和引线断线

绕组和引线断线会造成相间短路。其原因多是由于导线内部焊接不良，过热而熔断，匝间短路而烧断，以及短路应力造成的绕组折断。

（2）套管故障

变压器套管表面积垢后，在箱变水汽重时造成污闪，使变压器高压侧单相接地或相间短路。

（3）分接开关故障

变压器油箱上有放电声，电流表随声音发生摆动，瓦斯保护发出信号，油的闪点降低，都可能是分接开关故障引起的。此外，开关接触处存在油污，接触电阻增大，在运行时将引起分接头接触面烧伤；若引出线连接或焊接不良，短路电流的冲击将导致分接开关发生故障；分接位置切换错误，电压调节后达不到预定的要求，导致三相电压不平衡，产生环流，增加损耗，引起变压器故障；分接开关分接头板的相间绝缘距离不够，绝缘材料性能降低，当发生过电压时，也将发生分接开关相间短路故障。

（4）过电压引起的故障

运行中的变压器受到雷击时，由于雷电的电位很高，将造成变电压器外部过电压；当电力系统的某些参数发生变化时，电磁振荡将引起变压器内部过电压。这两类过电压所引起的变压器损坏大多是绕组主绝缘击穿，造成变压器故障。过电压引起的故障一般很少，因为变压器高压侧都装设有避雷器保护装置。

（5）铁心故障

铁心有两点接地就会造成充放电现象。铁心故障大部分原因是铁心柱的穿心螺杆或铁心的夹紧螺杆的绝缘损坏，其后果可能使穿心螺杆与铁心迭片两点连接，出现环流引起局部发热，甚至引起铁心的局部烧毁，也可能造成铁心迭片局部短路，产生涡流过电流，引起迭片间绝缘损坏，使变压器空载损失增大，绝缘油劣化，严重时接地线烧断，继而出现放电故障。

运行中变压器发生故障后，如果判明是绕组或铁心故障，应进行变压器吊心检查，查明原因并及时处理，经试验合格后，变压器方可投入运行。

（6）声音异常

变压器在正常运行时，会发出连续均匀的“嗡嗡”声。如果产生的声音不均匀或有其他特殊的响声，就应视为变压器运行不正常，并可根据声音的不同查找出故障。主要有以下几方面故障。

1）电网发生过电压。电网发生中性点不接地，系统单相接地或电磁共振时，变压器声音比平常尖锐。出现这种情况时，可结合电压表的指示进行综合判断。

2）变压器过载运行。如果变压器内瞬间发生“哇哇”声或“咯咯”的间歇声，电压表和电流表的指针同时动作，且音调高、音量大，说明此时变压器过载运行了。

3）变压器夹件或螺钉松动。如果变压器运行时声音比平常大、声音清脆且有明显的杂音，但测量仪表又无明显异常时，则可能是内部夹件或压紧铁心的螺钉松动，导致硅钢片振动增大。

4）变压器局部放电。如果变压器运行时发出“吱吱”或“噼啪”声，此时可能是变压器内部局部放电。

5）变压器绕组发生短路。如果变压器运行时声音中夹杂着水沸腾声，且温度急剧变化，油位升高，则可能为变压器绕组发生短路故障，严重时会有巨大轰鸣声，随后可能起火。

（7）温度异常

变压器在负荷和散热条件、环境温度都不变的情况下，较原来同条件时的温度高，且温度有不断升高的趋势，即变压器温度异常升高。

引起温度异常升高的原因有以下几点。

- 变压器匝间、层间、股间短路。
- 变压器铁心局部短路。
- 因漏磁或涡流引起油箱、箱盖等发热。
- 长期过负荷运行，事故过负荷。
- 散热条件恶化等。

引起变压器故障的原因繁多复杂，为了及时发现故障，应加强对变压器的巡视检查。

5.4.2 箱变常见故障处理案例

【案例一】江西某电站增容3号箱变故障。

1. 故障现象

8月14日早上7:50，电站监控人员发现计算机显示3号箱变通信中断，同时发现增容3号子阵1号、2号逆变器、1~15号汇流箱通信全部中断。

就地检查发现1号、2号逆变器已跳闸停机。检查两台逆变器无异常发现，测量逆变器交、直流侧电压发现直流侧各支路电压正常，交流侧电压：U_{AB}为190 V、U_{BC}为66 V、U_{AC}为65 V，三相电压极不正常。

检查箱变油温、油位、声音，均正常。低压侧电压表显示不正常。测量高压侧熔断器通断触点，发现C相熔断器熔断，立即断开箱变低压侧两支路断路器及高压侧负荷开关。箱变低压侧相间及对地绝缘正常，15日18:30，逆变器解列后，更换C相熔断器，试送电后，发现A相熔断器熔断，B、C两相熔断器正常，初步判断变压器内部存在故障，联系厂家来站处理。

8月16日21:30，厂家对箱变进行了高、低压侧五个档位的相间电阻，高、低压侧电压百分比以及高、低压侧对地绝缘测量，判定箱变C相绕组存在断线或绕组分接开关间有接触不良的情况。

8月18日18:30，进行箱变吊心作业。打开箱变盖板后，发现熔断器外套上沾附着许多黑色沉淀物，吊出绕组后发现C相绕组中部和调压开关引出线变黑，如图5-21所示。

图5-21　箱变C相绕组中部和调压开关引出线变黑

8月19日18:10，新绕组到站进行更换，更换后经过全面检测一切正常，经三次电压冲击试验后，并网运行正常。

2. 故障分析

该电站增容3号箱变并网时间在2015年11月左右，其变压器的高压绕组为三角形接线，低压绕组为星形接线，如图5-22所示。

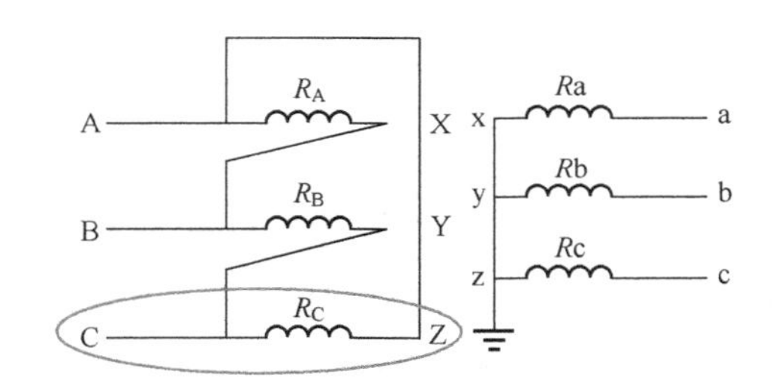

图5-22　箱变连接组别接线图

第一次故障的情况下，测量低压侧、交流侧电压为：U_{AB}为190 V、U_{BC}为66 V、U_{CA}为65 V。U_{AB}正常，U_{BC}和U_{CA}不到正常电压的一半。根据变压器的断线运行特性，在高压侧C相断线的情况下，绕组BC和绕组CA处于断开状态，无法形成回路，只有绕组AB处于导通状态，所以在高压侧不断开的状态下，绕组的磁通量反映在低压侧为：U_{AB}为正常的相电压，U_{BC}和U_{CA}不到正常电压的一半，与现场测量值一致，因此可以推测C相存在断线情况。

3. 解决办法

此次箱变故障，损失发电量35031 kWh，主要是由于箱变质量原因，箱变C相绕组分接开关的绕组抽头绝缘薄弱，导致绝缘击穿。

站端运维人员在第一次检查到箱变高压侧C相熔断器熔断的情况下，更换熔断器，更换后再次发生A相熔断器熔断现象，可以判断变压器内部绕组存在问题。建议后期在箱变高压熔断器熔断故障发生后，对箱变进行绝缘、油温、运行状况等详细检查，条件允许的情况下，进行必要的相关实验后，再进行送电，避免故障扩大化。

5.5 开关柜的常见故障处理

5.5.1 开关柜的常见故障

开关柜的常见故障有以下几种。

1. 柜内断路器拒绝动作或误动作

柜内断路器拒绝动作或误动作是开关柜最主要的故障，指的是开关柜内断路器拒绝合闸（分闸）或者错误合闸（分闸），其产生的原因来自两个方面：一是机械方面，主要是因为操作机构及传动系统的机械故障，具体表现为部件变形、位移或损坏，机构卡涩，开关松动，轴销松动或脱扣失灵等；二是电气方面，主要是因为电气控制和辅助回路出现故障，具体表现为两线连接处接触不良、接线端子处松动、接线错误、分合闸电磁线圈烧损、辅助开关切换不灵活、电源电压不稳、接触器失效或微动开关失效等。

2. 柜内断路器开断与关合故障

柜内断路器开断与关合故障一般是由断路器本身造成的，对于少油断路器，主要表现为灭弧室烧坏、喷油短路、开断能力欠缺和开关时发生爆炸等。对于真空断路器，主要表现为灭弧室及波纹管密封失效造成漏气、断路器内部真空度下降、晶体管投切电容器组重燃或陶瓷管破损等。

3. 绝缘失效故障

绝缘失效故障指的是绝缘物件或者绝缘间隙之间的绝缘强度小于施加电压时，出现绝缘击穿的现象，主要表现为外绝缘对地闪络击穿，内绝缘对地闪络击穿，相间绝缘闪络击穿，雷电造成的过电压闪络击穿，瓷瓶套管与电容套管闪络、污闪、击穿、爆炸，提升杆闪络，CT闪络、击穿、爆炸或瓷瓶断裂等。

4. 过热故障

有些封闭式的开关柜因为过电流或者电阻增大可能会出现内部过热现象，这种故障主要出现在互感器、电缆接头处等，具体表现为柜体温度异常、夹紧弹簧的螺栓烧融、弹簧变形或触头周围绝缘件烧坏等。

5. 储能故障

有些开关柜具有弹簧储能机构，断路器合闸前需要进行预先储能才能合闸，因为机械部件的磨损或者电气线路故障，可能会造成弹簧储能机构失效，具体表现为电机不转、弹簧不能拉伸或拉伸不到位等。

6. 外力引起的其他故障

外力引起的其他故障包括异物撞击、室外小动物撕咬、极端自然灾害等不可知的外力造成的其他故障。

5.5.2 开关柜的常见故障处理案例

【案例一】 共和电站 3511 开关柜内 PT 烧毁。

1. 故障现象

10 月 7 日共和电站 110 kV 升压站 35 kV 南晖线 3511 开关内 C 相 PT（型号：JDZX9-35）爆炸，保险炸裂毁坏。地面调度下令南晖线 3511 开关由运行转冷备用，电站 35 kV 输电线路停电，共和电站全站停产。

为了减少发电损失，站端采取了临时处理措施，更换不同型号 PT（JDZX9-40-5），紧急临时处理后于当天 19:00 投运。

2. 故障分析

1）共和站的海拔在 2907 ~ 3022 m，故障 PT（JDZX9-35）是非高原型（<3000 米），高原空气稀薄，散热效率低，同时由于气压低，绝缘介质（空气）密度小，存在一定风险。

2）奇次谐波的振荡会导致 PT 发热，长时间发热会让磁心衰减，导致 PT 故障，针对谐波情况需到现场进行实地测试核实。

3. 解决办法

1）采用该厂家大模具生产的 PT，保证高海拔下长久运行的可靠性。

2）三相 PT 同时更换为同批次，保证三相 PT 的各项参数一致，避免不同批次和新旧程度造成励磁电流等参数过大而烧坏 PT。

【案例二】某电站 35 kV 母线进线开关跳闸故障。

1. 故障现象

9 月 14 日 35 kV 母线进线 301 开关跳闸、110 kV 晶海线 151 开关跳闸、主变差动保护动作。

2. 故障分析

现场检查发现 35 kV 进线套管的等电位连接线松动，如图 5-23 所示，导致该段母线发生放电。

图 5-23　35 kV 进线套管的等电位连接线松动

3. 解决办法

1）将三相母线套管更换，等电位连接线紧固。

2）对 35 kV 所有开关柜及母线盖板进行检查，将所有螺钉进行紧固，检查确认无异常后投入运行。

5.6　防雷与接地常见故障处理

5.6.1　防雷与接地常见故障

避雷针、避雷器、接地网是电站防雷与接地的常见措施。主要故障有避雷器受潮、避雷器电阻片（阀片）击穿、避雷器运行中爆炸、电压互感器熔体熔断和单相接地故障等。

1. 避雷器受潮

避雷器受潮会引起泄漏电流增加或内部闪络事故。避雷器受潮的主要原因是密封不良或组装避雷器的过程中带进水分。在运行电压和环境温度的作用下，阀片内水分蒸干于阀片外侧和瓷套内壁，从而引起沿面闪络。

2. 避雷器电阻片（阀片）击穿

避雷器电阻片（阀片）击穿一方面是电阻片本身耐受电流冲击能力较差造成的，另一方面是电阻片上电位分布不均匀造成的。有些生产厂家虽然采用加均压电容和均压环来使整体电位分布更均匀，但因为设计中缺乏正确的计算和验证，仍有可能导致避雷器部分阀片老化击穿而退出运行。

3. 避雷器运行中爆炸

避雷器运行过程中经常发生爆炸的事故，爆炸的原因可能由系统原因引起，也可能为避雷器本身的原因引起，主要有以下几点。

1）由于中性点不接地系统中发生单相接地，使非故障相对地电压升高到线电压，避雷器在持续时间较长的过电压作用下，可能会引起爆炸。

2）电力系统发生铁磁谐振过电压使避雷器放电，从而引起爆炸。

3）由于本身火花间隙灭弧性能差，当间隙被击穿时，使电弧重燃，阀片烧坏电阻，引起避雷器爆炸；或由于避雷器阀片电阻不合格，残压虽然降低，但续流却增大，间隙不能灭弧而引起爆炸。

4）由于避雷器密封不良而引起爆炸。

4. 电压互感器保险熔断

电压互感器的基本结构与变压器类似，有一次绕组、铁心、二次绕组。电压互感器本身的阻抗很小，为防止烧坏线圈，一般在一次侧接有熔断器，二次侧可靠接地，互感器熔体熔断的可能原因是铁磁谐振引起的过电压与过电流，还有可能是互感器本身选用不当。

5. 单相接地故障

单相接地是电力系统中一种常见的临时性故障，多发生在潮湿、多雨的天气。发生单相接地后，该相对地电压降低，其他两相的相电压升高，但线电压依然对称，因而不影响对用户的连续供电，系统仍可运行1~2h。但是，若发生单相接地故障时电网长期运行，因非故障的两相对地电压升高$\sqrt{3}$倍，可能会引起绝缘击穿，从而发展成为相间短路，使事故扩大，影响用户的正常用电。还可能使电压互感器铁心严重饱和，导致电压互感器严重过负荷而烧毁。

5.6.2 防雷与接地常见故障处理案例

【案例一】 甘肃某电站接地故障。

1. 故障现象

2月5日某电站2A、12A逆变器报“绝缘阻抗低故障”；2月6日11A逆变器报“绝缘阻抗低故障”；经检查，故障均为从光伏组串至汇流箱间光伏电缆的支路绝缘故障，见表5-2。

表5-2 汇流箱光伏电缆支路绝缘故障日报

停运光伏区号	原因	开始停机日期	累计停机时间/h	累计损失电量/kWh	实际恢复时间	跟进情况
2区7号汇流箱第12支路	对地绝缘阻值低	2018/2/5 8:00	200	327	2018年2月19日	已处理，施工方更换绝缘阻值低的电缆，现已恢复正常并投运
12区5号汇流箱第12支路	对地绝缘阻值低	2018/2/5 8:00	200	459	2018年2月19日	已处理，施工方更换绝缘阻值低的电缆，现已恢复正常并投运
11区4号汇流箱第2支路	对地绝缘阻值低	2018/2/6 8:00	176	301	2018年2月19日	已处理，施工方更换绝缘阻值低的电缆，现已恢复正常并投运

备注：当光伏区连续故障停机在48h以上时，填写此表。

2. 故障分析

1）该站光伏电缆为直埋，埋地深度80cm，电缆绝缘材料为聚烯烃，对恶劣环境有较强的耐受能力。现场目前处于并网初期，工程消缺阶段。据站端和施工方反馈，前期由于施工把关不够严格，部分光伏电缆敷设时中间有接头，导致对地绝缘过低，发生类似的故障（本次直接更换，未挖出电缆分析）。

2）查看天气可知，故障发生前连续阴雨，环境湿度大，光伏电缆的支路对地绝缘电阻值低；当天气转晴时，电流增加，暴露出光伏电缆的支路绝缘存在隐患。

3. 解决办法

1）站端反馈由于埋地较深，挖出更换工作量较大，修复时没有将故障电缆挖出，直接将故障回路整根更换，因春节施工方放假，故障于2月19日修复，累计产生发电损失1087kWh。

2）直流侧电缆隐蔽敷设，检查比较困难，建议阴雨天后对电站做一次全面绝缘测试，提前发现隐患。

3）建议质量部可将直流侧绝缘问题作为一个消缺项目对施工方提出交涉，依据《GB50217-2018》中3.2电力电缆绝缘水平和3.3电力电缆绝缘类型施工。

5.7 电缆常见故障检测与处理

5.7.1 电缆常见故障

1. 故障类型

（1）闪络故障

闪络故障多发生于预防性耐压试验，发生部位大多在电缆终端和中间接头。电缆在低压电时处于良好的绝缘状态，不会存在故障。但只要电压值升高到一定范围，或者一段时间后某一电压持续升高，就会瞬间击穿绝缘体，造成闪络故障。

（2）一相芯线断线或多相芯线断线

电缆一芯或数芯被故障电流烧断或受机械外力拉断造成导体完全断开。

（3）三芯电缆一芯或两芯接地

遥测电缆一芯或两芯对地绝缘电阻不连续，或芯与芯之间的绝缘电阻值低于正常值，如果绝缘电阻值高于1000Ω就被称为高电阻接地故障；反之，就是低电阻接地故障。这两种故障都称为断线并接地故障。

（4）三相芯线短路

短路时接地电阻大小是电缆的三相芯线短路故障判断的依据。短路故障有两种：低阻短路故障、高阻短路故障。当三相芯线短路时，低于1000Ω的接地电阻是低阻短路故障，相反则是高阻短路故障。

2. 原因分析

电缆故障的最直接原因就是绝缘能力降低而被击穿，归纳起来主要有以下几种情况。

（1）外力损坏

电缆故障中外力损坏是最为常见的故障原因。电缆遭外力损坏后，会出现大面积的停电事故。这类损坏一般包括直接外力作用造成的损坏、敷设过程造成的损坏和自然力造成的损坏。例如，施工和运输所造成的损坏，如挖土、打桩、起重等可能误伤电缆；地下管线施工过程中，电缆因为施工机械牵引力太大而被拉断；电缆绝缘层、屏蔽层因电缆过度弯曲而损坏；电缆切剥时过度切割和刀痕太深；电缆的自然胀缩和土壤下沉所形成的过大拉力等。

（2）绝缘受潮

电缆绝缘受潮的主要原因有：电缆制造生产工艺不精导致电缆的保护层破裂；电缆中间接头或终端接头在结构上密封性不够或安装质量不好；电缆保护套在电缆使用中被

物体刺穿或者遭受腐蚀。此时，绝缘电阻降低，电流增大，引发电力故障。

（3）化学腐蚀

长期的电流作用会让电缆绝缘产生大量的热量。由于电解和化学作用使电缆腐蚀，导致电缆绝缘老化甚至失去效果，电力故障由此产生。

（4）长期过负荷运行

电力电缆长时间处于高电流运行环境中，如果线路绝缘层里有杂质或者老化，加上诸如雷电之类的外因的冲击，超负荷运作产生大量的热量，极易出现电力电缆故障。

（5）电缆及电缆附件质量

电缆及相关附件的质量问题对电力电缆的安全运行有直接影响。电缆及其附件、电缆三头的制作很容易出现质量问题，例如，在包缠绝缘过程中，绝缘出现褶皱、裂损或破口等缺陷；一些电缆附件不符合规格或组装时不密封；绝缘管制造粗糙，厚度不均，管内有气泡；不能准确剥切预制电缆的三头；设计制作者没有根据要求制作电缆接头。另外，电缆产品设计时材料选用不恰当、防水性差也会造成电缆质量问题。

5.7.2 电缆常见故障处理案例

【案例一】新疆某电站电缆头故障。

1. 故障现象

5 月 11 日 8:35 35 kV 汇集三线 13 号箱变高压室 12 号—13 号箱变联络电缆 B 相电缆头炸断，如图 5-24 所示。

图 5-24　箱变高压室 12 号—13 号箱变联络电缆 B 相电缆头炸断

2. 故障分析

该电站在一个月内出现三次箱变电缆头击穿故障。在系统电压正常的情况下，故障频繁发生。第一次故障发生后，通过对故障电缆剥开检查发现，主绝缘层表面有很深的纵向刀切痕迹，施工工艺明显不合格。第二次和第三次故障由于无详细解剖图，大致判断属于施工质量问题，但不排除电缆附件质量不合格的原因。

运维部汇合质量部于 5 月 11 日 11:30 利用红外热像仪对该电站电缆头进行了普查，发现 5 个箱变（1 号、2 号、4 号、16 号、20 号）有异常发热点，有 11 个箱变电缆头绝缘材料融化膨胀，严重的撑破绝缘胶带，流到表面。

通过红外热像仪测量结果可以看出部分电缆头的发热异常点均存在于电缆头应力锥处，如图 5-25 所示。此处为电缆头制作过程中比较容易出现质量不合格的制作点。主要表现在以下几个方面。

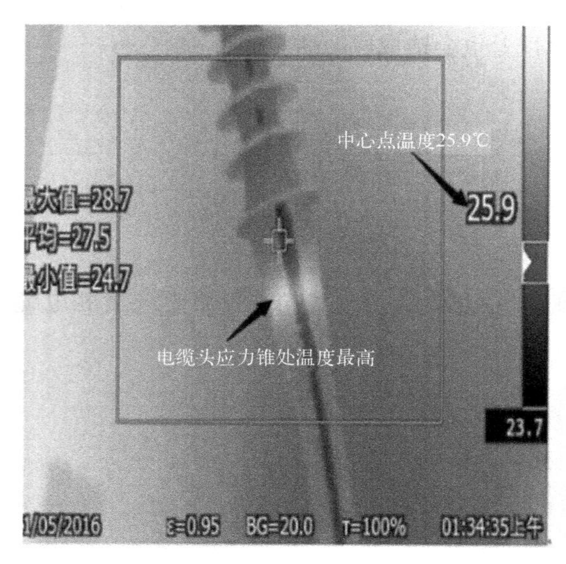

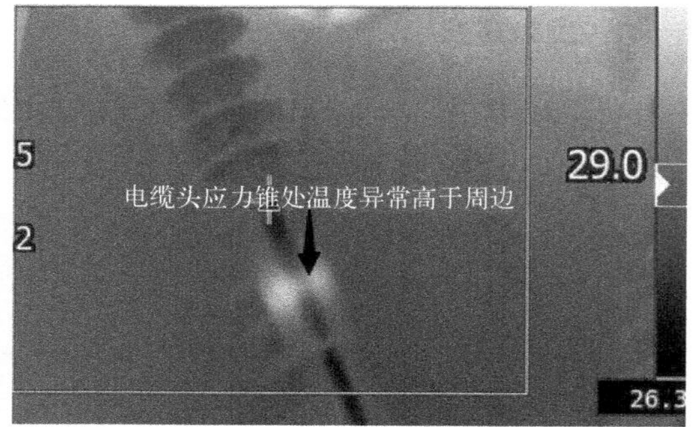

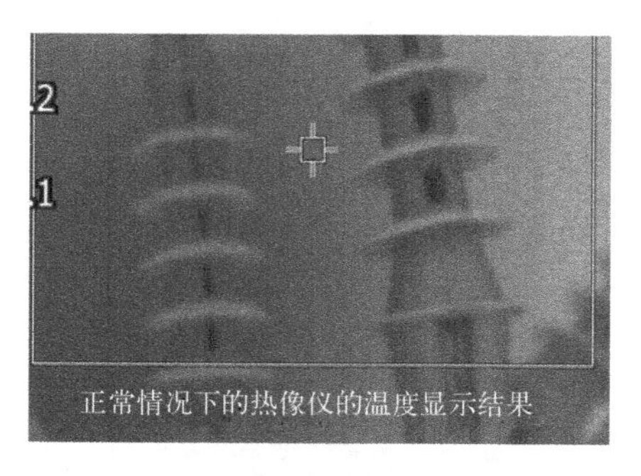

图 5-25　该站部分电缆现场测量结果

1）电缆应力没有完全覆盖到铜屏蔽处断开的表面，此处存在局部放电，导致周围发热异常。

2）半导体层切割得不整齐，存在突出的尖角点，从而内部电场强度集中在尖角点，导致局部放电，发热异常。

3）剥切电缆附件时，导致主绝缘层表面留下纵横刀痕，且未打磨光滑，或者使用不合格砂纸打磨，导致内部存在金属性微粒而放电。

4）固定接地线的恒力弹簧不合格，长期运行导致接触面电阻变大，弹簧发热、发黑，电缆终端温度过高。

3. 解决办法

站端在没有红外热像仪的情况下，可以通过制定具体的夜间熄灯检查的方式来对电缆头进行巡检工作。除了红外热像仪以外，超声波局部放电测试仪能够更准确地测量出电缆附件是否存在局部放电的现象。

此次电缆击穿故障截止到5月18日共损失电量22500 kWh。

【案例二】 江苏某电站2号汇集线路电缆头故障。

1. 故障现象

5月25日6:30，某站312进线开关报“零序Ⅰ段动作，零序电流19-49A”开关故障跳闸。

站端运维人员对2号汇集线下所有35 kV高压电缆进行分段式绝缘测试，其中遥测14号箱变及20号箱变这段电缆时，B相绝缘阻值分别为1~9 MΩ和2 MΩ左右，绝缘阻值较低，根据电力运行试验规程，35 kV电缆主绝缘不低于35 MΩ。

为了不影响当日发电量，决定对部分箱变逐一试送。5月26日，试送到20号箱变时，312开关再次零序保护动作跳闸，现场检查发现：20号箱变高压室B相电缆炸裂，并伴有烧黑迹象。

再次测试20号箱变的电缆绝缘，绝缘阻值接近为0。之后立刻通知电缆抢修厂家，厂家于5月26日15:00赶到现场，对20号箱变电缆进行了耐压测试，确认问题后立刻对该段电缆进行了处理，并制作了新的冷缩头。20:30，312进线开关恢复正常投运，21:50，整个2号光伏进线的所有箱变、逆变器都恢复正常投运。

2. 故障分析

1）该电站箱变高压电缆室中的电缆终端为热缩的电缆工艺，由于施工工艺不合格，导致热缩管内存在空气间隙，在35 kV强电场的情况下，间隙内的空气及杂质电离。在长期发电的情况下，导致电缆绝缘强度降低，出现单相对地放电现象，从而造成了开关零序保护动作，开关跳闸，如图 5-26 所示。

图 5-26　电缆绝缘强度降低，出现单相对地放电现象

2）此次故障发生在早晨 6:30 左右，此时电缆负荷电流很小，可以排除因负载过大温度过高导致。在该电站环境湿度大，电缆制作工艺不规范时，电缆附件内部长期高压放电，累积会导致电缆附件击穿损坏，加速电缆老化。

该电站箱变高压电缆室中的电缆终端为热缩的电缆工艺，由于存在施工工艺不合格，导致热缩管内存在空气间隙，在 35 kV 强电场的情况下，间隙内的空气及杂质电离，在长期发电的情况下，导致电缆绝缘强度降低，是造成此次故障的主要原因。

3. 解决办法

1）从源头做起，在项目施工时就加大对电缆终端施工的管理和施工力度。根据电站不同的地理环境，选用合适的、质量可靠的电缆附件材料；电缆头制作需要在干燥的环境下进行，还要保持整个制作过程中的洁净；要求施工人员应严格按照规范制作，保证三相电缆头的质量，不要因赶工期而忽视质量。

2）加强日常电气设备巡视，及早发现问题。在日常管理中，可以通过开展巡视检查电缆头外观有无异常，运行时有无异响（放电声），红外测温有无发热现象，电缆铜接头上试温贴片有无熔化，电缆终端头有无水珠，以及检查箱式电缆内部运行环境情况。

3）在外部停电或设备停运时段，开展电站电缆专项预防性试验。针对电缆头故障频发的现象，可以结合停电、停运时段，制定一定的电气设备预防性试验计划，开展电缆的绝缘测试。

4）为了减小故障时发电量的损失，可改进电站箱式变压器接线设计。目前电站箱变高压侧出线方式是干线式，两台箱变之间的跨接电缆相当于干线，这种接线方式的优点是简单、经济、运行方便，但同时也存在输电可靠性差的缺点。可以考虑将箱变高压侧出线方式设计成环网或者增加备用线路，在出现故障时，只需将故障的电缆解裂，避免因故障电缆导致多台箱变电量不能送出。

在电站地理环境允许，施工成本低的情况下可以参考环网接线的理念，提高发电可靠性，减小发电损失。

此次该电站2号汇集线所在的电缆终端故障共影响发电量6~11万kWh。

此次对于14号箱变处电缆放电故障进行了临时处理，恢复箱变发电运行，对于20号箱变处电缆放电故障，进行临时处理仍然无法恢复运行，于故障第二天更换3M厂家的冷缩电缆附件，并于当日15:00左右恢复2号汇集线下的所有箱变运行。

【案例三】宁夏某电站开关柜（大全）内电缆感应放电。

1. 故障现象

9月14日某电站35kV柳旭线311开关柜内有异响，检查发现此开关柜内的单芯进线电缆与零序CT感应放电，于9:00~15:30停电检修，造成较大发电损失，如图5-27所示。

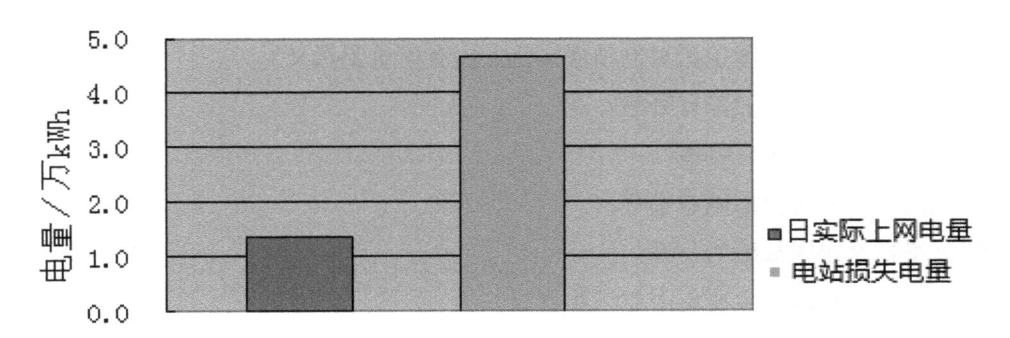

图5-27　某电站9月14日电量统计表

2. 故障分析

根据站端反馈信息分析，故障原因为三根单芯电缆套入零序CT后，三相电缆之间距离过小，产生感应电势放电。

3. 解决办法

此现象的解决方案如下所述。

1）311 开关柜进线采用三根独立的单芯电缆，电缆终端（电缆终端护套无屏蔽层和接地，绝缘性能低于原装电缆）长约 1 m，零序 CT 套在电缆终端，所以产生感应放电。可将电缆更换为三芯铠装电缆，将零序 CT 直接套在三芯电缆线上，如图 5-28 所示。

2）该站没有设计零序 CT 的保护，保护定值只有差动保护。零序电流互感器为开关柜自带，现场的零序 CT 二次侧均没有接线，因此可以拆除零序 CT，从而增加电缆的间距。

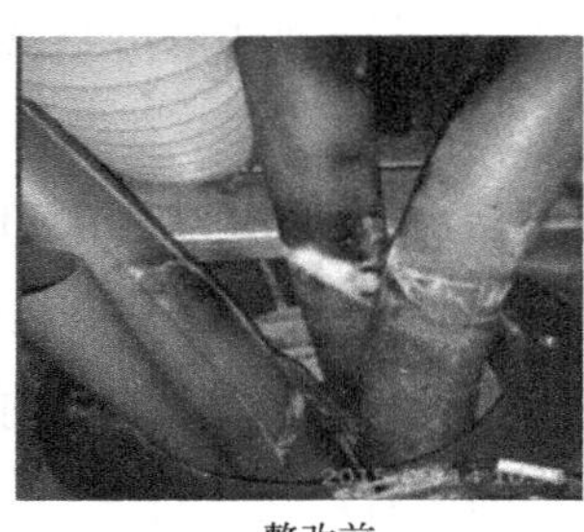

整改前

整改后

图 5-28　原开关柜进线电缆由单芯电缆改造为三芯电缆

现场将零序 CT 拆除，将单芯电缆分开安装，感应放电消失，投运后正常运行。

思考与练习

1. 光伏电站设备故障检测对电站规模化发展有何重要意义？
2. 光伏组件的常见故障有哪些？
3. 热斑效应的危害有哪些？
4. 热斑效应的防范措施有哪些？
5. 逆变器常出现故障的是哪些？
6. 光伏汇流箱故障主要集中在哪些方面？
7. 箱变的常见故障是什么？
8. 防雷与接地的常见故障是什么？
9. 电缆的常见故障是什么？

参考文献

[1] 付新春，静国梁．光伏发电系统的运行与维护［M］．北京：北京大学出版社，2015.

[2] 詹新生，张江伟．光伏发电系统设计、施工与运维［M］．北京：机械工业出版社，2017.

[3] 袁芬．光伏电站的施工与维护［M］．北京：机械工业出版社，2016.

[4] 周亚东，徐宁．太阳能光伏发电系统建设与运营［M］．北京：机械工业出版社，2016.

[5] 晶科电力运维团队．光伏电站运维手册［Z］．2017.

[6] 张清小，葛庆．光伏电站运行与维护［M］．北京：中国铁道出版社．2016.

[7] 王东，张增辉，江祥华．分布式光伏电站设计、建设与运维［M］．北京：化学工业出版社．2018.

[8] 中国标准出版社．光伏产业标准汇编：光伏电站、节能检测卷［M］．北京：中国标准出版社．2015.

[9] 本书编写组．光伏电站运行专业知识题库［M］．北京：中国电力出版社．2017.

[10] 李钟实．太阳能光伏发电系统设计施工与应用［M］．北京：人民邮电出版社，2012.

[11] 李安定，吕全亚．太阳能光伏发电系统工程［M］．2 版．北京：化学工业出版社，2016.

[12] 车孝轩．太阳能光伏发电及智能系统［M］．武汉：武汉大学出版社．2013.

[13] 王长贵，王斯成．太阳能光伏发电实用技术［M］．北京：化学工业出版社，2005.

[14] 杨贵恒，张海呈，张颖超，等．太阳能光伏发电系统及其应用［M］．2 版．北京：化学工业出版社，2015.

[15] 张兴，曹仁贤，等．太阳能光伏并网发电及其逆变控制［M］．北京：机械工业出版社，2011.

新能源专业系列教材精品推荐

光伏电站的建设与施工

书号：ISBN 978-7-111-65311-0

作者：王涛　　定价：39.90 元

推荐简言：本书主要内容包括光伏电站的分类与建设原则、光伏电站的建设管理、基础工程的建设与施工、主要电气设备的安装、光伏电站的接入要求、光伏电站的安全防护与消防、光伏电站的调试与验收。另外，各章的本章小结包括**知识要点、思维导图、思考与练习** 3 部分内容，方便读者学习。

光伏发电技术及应用

书号：ISBN 978-7-111- 66058-3

作者：廖东进　　定价：45.00 元

推荐简言：本书从光伏发电系统应用技能要求出发，内容包括太阳能资源获取、光伏电池组件及方阵容量设计、储能技术、光伏直流控制设备、光伏交流控制设备以及典型光伏发电系统设计等。本书配备了相关的习题，以强化读者对相关知识的掌握程度。

光伏电子产品的设计与制作

书号：ISBN 978-7-111-65817-7

作者：詹新生　　定价：45.00 元

获奖项目：“十三五”江苏省高等学校重点教材

推荐简言：本书采用项目化编写模式，主要内容包括常用电子元器件的识别与检测、电子元器件的焊接、光伏草坪灯控制电路的设计与制作、光伏控制器的设计与制作、光伏逐日系统的设计与制作以及风光互补发电控制器的设计与制作。

光伏发电系统设计、施工与运维

书号：ISBN 978-7-111-57357-9

作者：詹新生　　定价：39.90 元

获奖项目：“十三五”江苏省高等学校重点教材

推荐简言：本书按照行业领域工作过程的逻辑确定教学单元，即“系统设计→系统施工→系统运维”，教学内容完整且符合工程实际。采用“项目-任务”的模式组织教学内容，体现“任务引领”的职业教育教学特色。

新能源电源变换技术

书号：ISBN 978-7-111-64399-9

作者：梁强　　定价：49.00 元

推荐简言：按照教师容易教、学生容易学，理实结合，任务驱动，兼顾大赛，突出知识应用及能力培养的思路编写。以光伏电源产品开发过程确定教学项目，符合产品开发和生产实际。采用“项目→任务”的模式组织教学内容，便于进行任务驱动式教学。

分布式发电及微电网应用技术

书号：ISBN 978-7-111-60837-0

作者：胡平　　定价：39.00 元

推荐简言：本书从应用角度出发介绍了微电网系统的分布式能源及微电网系统结构、控制技术、保护机理、能量管理与调度，以及基于微电网架构的能源互联网技术。通过微电网示范工程的介绍，将理论和实践相结合，为工程技术人员提供工程设计参考。